中国细胞治疗

中国细胞生物学学会细胞与基因治疗分会　主编

科学出版社
北　京

内 容 简 介

本书基于前沿性、关键性和发展前景三个维度，选取了免疫细胞、间充质细胞、胰岛细胞、神经细胞、肝细胞、肺细胞和肌肉细胞七类细胞治疗，从基础研究、临床转化、产业发展和监管四个环节开展了全面系统的分析，并重点对我国的发展现状、存在的瓶颈问题及未来发展前景进行了深入剖析，在此基础上分别提出了我国各类细胞治疗的发展建议。

本书面向具备一定相关领域知识背景的科技政策制定者、研究人员、科研管理人员和学生，旨在帮助他们深入了解并掌握细胞治疗的发展形势和存在的问题，促进其更好地开展决策和科研工作；同时，也面向对细胞治疗感兴趣的公众，为他们提供一份关于细胞治疗的知识概览。

图书在版编目（CIP）数据

中国细胞治疗 / 中国细胞生物学学会细胞与基因治疗分会主编. —北京 ：科学出版社，2025. 1. — ISBN 978-7-03-081057-1

Ⅰ. Q813.6

中国国家版本馆 CIP 数据核字第 20256J5X15 号

责任编辑：王 静 李 悦 / 责任校对：郑金红
责任印制：肖 兴 / 封面设计：刘新新

科学出版社 出版
北京东黄城根北街 16 号
邮政编码：100717
http://www.sciencep.com
北京九州迅驰传媒文化有限公司印刷
科学出版社发行 各地新华书店经销
*
2025 年 1 月第 一 版 开本：787×1092 1/16
2025 年 5 月第二次印刷 印张：10 3/4
字数：160 000

定价：168.00 元

（如有印装质量问题，我社负责调换）

《中国细胞治疗》编写委员会

顾　　问：裴　钢　陈晔光

专 家 组：惠利健　王立群　谢　欣　左　为　周家喜
何志颖　袁宝珠　俞君英　程　新　胡　苹
陈跃军　刘雅容　王　迎　邓宏魁　金　亮
张　宇　王　勇　陈　功　潘国宇　鄢和新
时玉舫　王皞鹏　张鲁狄　张　雷　王树森
范　靖　孟淑芳　万　涛　巴　特　姚树元
杨璐涵　宗鸿亮　王永增　韦　薇

编写组组长：徐　萍　王　玥

编写组成员：施慧琳　杨若南　李　伟　靳晨琦
许　丽　李祯祺

本书由中国科学院上海营养与健康研究所、上海市生物医药科技发展中心联合组织

目　　录

第一章　概　　述

第一节　发展细胞治疗的战略意义

细胞治疗是通过将功能正常或者强化的活细胞输送到患者体内，替代病变、损伤和退化的细胞，或清除异常和疾病细胞，或对病理组织失衡状态进行调节，从而实现再生修复或疾病治疗的方法和策略[1]。细胞治疗有多种分类体系。按照细胞供体来源，可以分为自体和异体细胞治疗；根据细胞发育的不同阶段，可以分为干细胞治疗和终末分化细胞治疗；根据细胞的不同组织分类、不同器官和系统来源，还可以进一步将细胞治疗分为更多类型。

细胞治疗作为一种突破性的新型治疗方式，不仅为多种难治性疾病的治疗带来了希望，有望颠覆医疗的发展模式，同时也已成为生物医药行业发展的新动力和新赛道。

一方面，随着人口老龄化进程的加快，重大疾病发病率逐年上升，危害人民健康，带来卫生经济负担，影响社会经济发展。细胞治疗的出现，为疾病提供了全新治疗策略。例如，细胞治疗为神经退行性疾病、糖尿病、心血管疾病等多种重大慢性疾病带来了治愈希望；免疫细胞治疗的出现则为癌症提供了一个全新的治疗手段，已经在血液肿瘤中展现出优异的治疗效果，实体瘤的治疗也已经初步展现潜力。

另一方面，细胞治疗的发展也孕育了巨大的产业前景。近年来，各国陆续批准多种细胞治疗药物上市，进入临床阶段的细胞治疗药物也多达数千项，根据 Grand View Research 公司的分析和预测，2022 年全球细胞治疗市场规模为 47.7 亿美元，2023～2030 年复合年均增长率将达 16.5%[2]，展现出良好的市场发展前景。同时，细胞治疗的发展和转化促进了全产业链发展。当前，从上游细胞培养技术和工艺的开发，到中游细胞治疗技术研制，再到下游商业化存储、运输、应用，一个完整的产业链体系正在逐渐成形，预示着未来广阔的发展空间。

第二节　国内外细胞治疗发展现状

一、全球细胞治疗发展现状

细胞治疗是疾病治疗领域的里程碑，突破了传统手术和药物在重大慢性疾病治疗中的局限，提供了全新的治疗思路和途径。近年来，相关学科和技术的快速发展，推动细胞治疗不断成熟，临床应用前景逐渐明朗，细胞治疗产业的发展进程也快速推进，产业竞争格局初步形成。

从研发趋势来看，细胞治疗是当前全球的热点和前沿，对细胞来源、特征的认识持续深入，对调控机制和作用靶点的发现快速涌现，对细胞的工程化改造能力也不断提升，推动大量细胞治疗产品进入临床试验，实现在疾病治疗中的应用。当前，已有多款细胞治疗产品获得上市批准。截至2024年，各国陆续批准了近30种干细胞及间充质细胞相关产品的临床试验，应用于神经、免疫、心血管、消化、骨骼等系统的多种疾病。此外，随着2017年瑞士诺华公司的Kymriah和凯特制药公司的Yescarta CAR-T产品相继上市，免疫细胞治疗进入了产业化新时代，在血液恶性肿瘤的治疗中已经取得了重大成功。2017～2024年，免疫细胞治疗的研发进程日趋加快，全球已有13款产品获批上市。

从政府规划与支持角度来看，全球各国政府对细胞治疗的支持力度持续增强，从经费、体制机制等多个角度为该领域发展提供保障，不断加速推动细胞治疗的研发和应用，为人类疾病提供新型治疗手段，也为抢占全球细胞治疗市场做好准备。以美国为例，2016年发布了21st Century Cures Act（《21世纪治愈法案》），为细胞治疗在内的新疗法的临床转化给予了持续十年的稳定经费支持；而在癌症“登月计划”框架内，美国NIH与11家生物制药公司启动了加速癌症治疗的为期5年的公私合作研究项目，进一步推动了癌症免疫细胞疗法的研发。与此同时，美国在2022年发布的*National Biotechnology and Biomanufacturing Initiative*（《国家生物技术和生物制造计划》）中，还提出重点推进细胞治疗和发展 AI 驱动的生物治疗药物生产，推进细胞治疗向下游发展。

从产业界参与角度看，巨大的经济效益前景已经吸引欧美一些巨头公司通过组建细胞治疗新团队或并购等方式进入细胞治疗产业，大量初创公司也不断涌现，在细胞治疗产业的各个环节进行布局。多个国家的制药业联盟也发布了一系列推动细胞治疗产业发展的路线图，为细胞治疗相关企业的发展方向规划提供了指导，也标志着细胞治疗产业的布局开始从创新链向产业链过渡。例如，美国国家细胞制造联盟（National Cell Manufacturing Consortium，NCMC）发布了 *Cell Manufacturing Roadmap to 2030*（《细胞制造 2030 路线图》），并进行多轮更新，系统规划了细胞制造产业链各个环节的技术路线，为细胞产品的批量化生产和应用奠定了基础；英国医药制造产业联盟（Association of The British Pharmaceutical Industry，ABPI）也发布了 *Manufacturing Vision for UK Pharma*（《英国药物制造愿景》），对包括细胞治疗产品在内的药物制造过程中的工厂/过程设计、制造分析设计、自动化等产业化技术布局提供了指导。

二、中国细胞治疗发展现状

习近平总书记提出，科技创新是提高社会生产力和综合国力的战略支撑，必须摆在国家发展全局的核心位置。细胞治疗的蓬勃发展不仅有利于人民生命健康，其作为一个重要的科技创新领域，也将为创新经济发展贡献重要力量。在该领域我国制定了一系列政策给予支持，并利用科技规划进行具体部署。“十三五”以来，我国持续大力度支持细胞治疗技术的原始创新及其产业转化，《“十三五”国家科技创新规划》中提出，开展包括免疫治疗、细胞治疗、干细胞与再生医学在内的关键技术研究，研发一批创新医药生物制品，构建具有国际竞争力的医药生物技术产业体系。2019 年，国家发展改革委还将细胞治疗药物增加进鼓励类目录，并在 2022 年印发的《“十四五”生物经济发展规划》中进一步强调发展基因诊疗、干细胞治疗、免疫细胞治疗等新技术，强化产学研用协同联动，加快相关技术产品转化和临床应用，推动形成再生医学和精准医学治疗新模式。国家政策的大力支持为我国细胞治疗产业发展进一步提供了强劲动力。与此同时，我国细胞治疗相关监管体系也在不断完善，《体细胞治疗临床研究和转化应用管理办法（试行）》（征求意见稿）等一系列规范的出台，为细胞治疗产业的有序发展保驾护航，助力其加速发展。

从基础研究发展来看，近十年，我国细胞治疗领域呈现快速发展态势。以干细胞治疗和 CAR-T 细胞治疗领域为例，2015～2024 年，我国干细胞治疗和 CAR-T 细胞治疗相关论文数量均快速增长，增速显著高于全球平均水平（图 1-1）。但总体来看，我国论文影响力还存在一定不足，与美国等领先国家相比仍然存在差距①（表 1-1）。

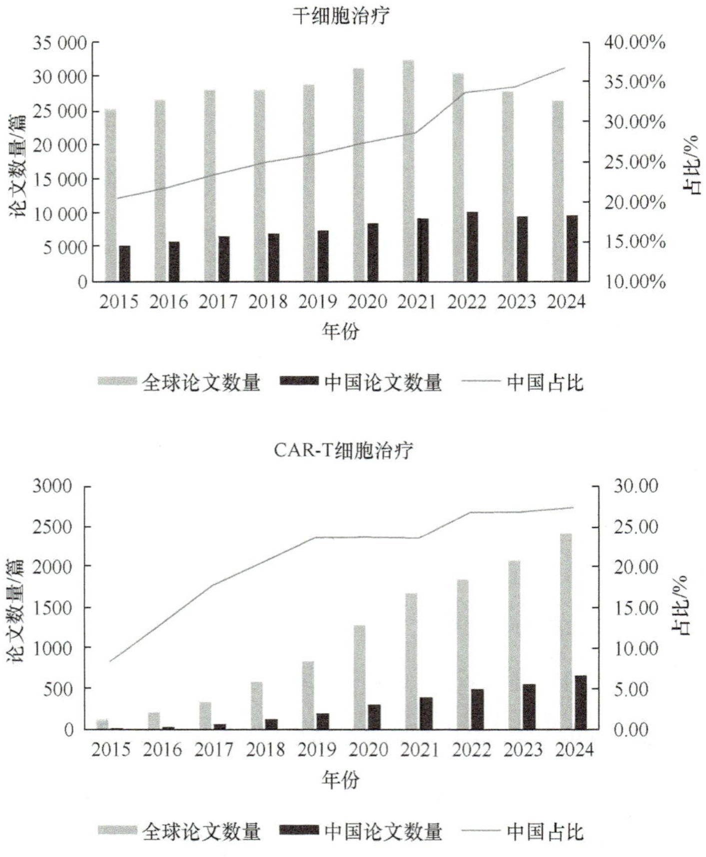

图 1-1　2015～2024 年干细胞治疗和 CAR-T 细胞治疗领域论文数量年度分布

① 数据来源：Web of Science 平台 ISI Science Citation Index Expended 数据库，在主题中限定干细胞和 CAR-T 相关关键词，文献类型限定为论文和综述，检索日期：2025 年 1 月 20 日。

表 1-1　2015～2024 年干细胞治疗和 CAR-T 细胞治疗领域论文数量 Top5 国家论文影响力

干细胞治疗				CAR-T 细胞治疗			
国家	论文数量/篇	篇均被引频次	高被引论文占比/%	国家	论文数量/篇	篇均被引频次	高被引论文占比/%
美国	85 754	38.74	2.56%	美国	5 298	52.54	8.95%
中国	79 735	23.42	1.32%	中国	2 849	26.16	4.42%
德国	22 074	34.85	2.36%	德国	1 112	46.94	8.27%
日本	19 511	24.35	1.02%	意大利	671	34.87	9.69%
英国	19 039	41.64	3.10%	法国	617	51.6	8.91%

从产业发展整体情况来看，我国细胞治疗产业呈现出蓬勃发展的态势，跻身生物医药领域极具潜力的新赛道。国内尚未有机构给出我国细胞治疗产业市场规模的权威评估数据，2023 年《人民日报》一篇报道中的数据显示，预计未来 10 年将成为国内细胞治疗产业的快速增长期，我国细胞治疗市场空间将由 2021 年的 13 亿元增长至 2030 年的 584 亿元，年均复合增速高达 53%[3]。与此同时，针对细胞治疗产业上、中、下游，我国已系统布局，在上游试剂耗材及设备开发方面，虽然部分中高端产品仍然以进口为主，但国产品牌也在不断仿制和创新中，部分已打破国外垄断格局，加速国产替代；在中游产品研发和生产方面，我国涌现了一批生物技术创新企业，加速产品临床转化，截至 2024 年，复星凯特（现已更名为复兴凯瑞）、药明巨诺、传奇生物、驯鹿生物、合源生物和科济药业六家国内企业已有细胞治疗产品获得上市许可；在细胞治疗产业链下游产品的临床应用方面，供应链也不断完善，为上市产品在临床中的推广应用奠定了基础。

细胞治疗虽然发展速度较快，但整体仍然处于发展早期阶段，无论在基础理论创新，还是产业发展中均具有非常大的发展空间。当前，我国在细胞治疗领域已经积累了丰厚的基础，在部分领域已经实现国际领先，加之国家政策不断加大支持力度，使我国拥有发展细胞治疗，并抢占国际市场的良好机遇，而我国细胞治疗的快速发展，还将成为我国提升新质生产力水平的重要支撑。

第三节 研究体系与方法

一、研究对象

本书主要基于前沿性、关键性及发展前景等几个角度确定了研究对象。其中前沿性是指相关细胞治疗获得国内外广泛关注，是当前细胞治疗领域发展的重点；关键性是指相关细胞治疗能够为解决社会健康需求带来巨大效益；发展前景是指相关细胞治疗发展势头良好，具有转化为临床疗法、实现产业化发展的良好前景。基于上述考虑，本书选取了七类细胞治疗进行深入分析，具体包括免疫细胞、间充质细胞、胰岛细胞、神经细胞、肝细胞、肌肉细胞和肺细胞治疗。

在这些细胞治疗中，所使用的细胞既可以来源于自体，也可以来源于异体；既可以是干细胞，也可以是终末分化细胞；同时还可以是经过体外工程化改造的细胞，如将 T 细胞改造成为 CAR-T 细胞，从而实现对肿瘤细胞的靶向攻击；或将干细胞进行体外基因编辑，从而实现患者原有的基因缺陷的修正，实现疾病的根治等。

二、研究方法

1. 基础研究趋势研判

本书对基础研究趋势的研判主要基于对相关领域科研进展的梳理和归纳总结。由于本书的整体定位是侧重于反映细胞治疗的应用和产业发展趋势，因此并没有穷尽各类细胞治疗领域所有的研究方向，仅从细胞治疗开发及应用相关的基础研究角度进行了分析，同时着重分析了各领域较突出的发展趋势和方向。由于不同类型细胞治疗领域的发展水平不同，所发表的研究成果差异也较大，所以本书主要以成果发表期刊作为研究进展的遴选依据，选取了影响因子前 10%的论文进行分析。此外，限于篇幅，书中所列举的具体成果仅代表相关领域方向发展情况的例证，未纳入的研究成果也并非代表其研究水平与入选的成果之间存在差距。

2. 临床研究趋势分析

临床研究数据的获取主要涉及两个渠道，一是美国ClinicalTrials数据库和我国国家药品监督管理局药品审评中心（Center for Drug Evaluation，CDE）公开的药物临床试验默示许可信息，二是通过第三方数据库药智网，主要检索我国通过国家卫生健康委渠道备案的研究者发起的临床研究（investigator-initiated trial，IIT）信息。临床研究趋势主要基于这些临床试验开展的具体情况进行综合分析。与基础研究部分类似，本书也列举了部分具体的临床研究案例，这些案例同样仅代表相关方向发展的例证，体现临床发展阶段、适应证、细胞来源等信息，未纳入的临床试验同样也不代表研究水平上存在差距。

3. 产业趋势分析

产业部分信息的来源主要包括数据库和公开信息两个渠道。其中，产值、产业链体系、生产线布局等信息主要来源于网络公开信息，细胞治疗产品研发、上市、产值等信息则来源于Cortellis数据库收录数据及网络公开信息两个渠道。在具体趋势研判中，会综合不同渠道来源的信息进行综合分析。在产业部分提到了部分企业及细胞产品的研发案例，这些案例主要基于临床试验开展情况、产品国内外上市情况及技术创新情况等进行遴选，但由于细胞治疗产业的各环节都涉及大量的企业和产品，所以本书无法罗列出全部，未纳入的企业和产品也并非代表其研发水平存在差距。

三、研究路径

如上所述，本书主要基于细胞治疗相关基础研究成果、临床试验及产品研发、商业化等客观信息进行趋势研判，重点反映我国细胞治疗的发展现状。本书中所列举的进展示例和数据，除特殊说明时间外，均截止到2024年4月。与此同时，我们建立了由从事细胞治疗基础研究、临床转化、产品研发、监管质控等专家组成的专家组，其来源覆盖高校院所、医院、企业等，保证其了解细胞治疗各环节一线最新的发展动态，并对未来发展形势具有深刻认识。在研究的全程，报告编写组始终与每位专家组成员保持密切的联系，在书稿撰写前、中、后的各个阶段建立了与专家的实时沟通机制，在书稿的体系构建、发展现状分析、趋势研判等环节与专家进行了充分沟通，将调研资料与专家意见进行了充分融合和相互印证，最大程度保障本书中相关内容的客观性、真实性、科学性和全面性。

第二章　细胞治疗发展现状与趋势

第一节　免疫细胞治疗

免疫细胞治疗是指对 T 细胞、自然杀伤细胞（natural killer cell，NK 细胞）、B 细胞、树突状细胞（dendritic cell，DC）、巨噬细胞等进行针对性的处理（如分离、基因修饰、激活并扩增）后再回输人体内的一种新型治疗方法，可用于治疗肿瘤、自身免疫性疾病和感染性疾病等多种疾病。

免疫细胞治疗种类繁多，从应用场景角度，可以分自体和异体通用细胞治疗两类；从技术角度，则可以分为非工程化和工程化免疫细胞治疗。非工程化免疫细胞治疗主要包括淋巴因子激活的杀伤细胞（lympholine-activated killer cell，LAK 细胞）、细胞因子诱导的杀伤细胞（cytokine-induced killer cell，CIK 细胞）、NK 细胞、DC、细胞毒性 T 淋巴细胞（cytotoxic T lymphocyte，CTL）、肿瘤浸润淋巴细胞（tumor infiltrating lymphocyte，TIL）治疗，但除 TIL 外，其他都没有确切的临床验证数据，基本上是边缘化的医疗技术。工程化免疫细胞治疗是利用基因修饰等技术对细胞进行工程化改造，从而使其具有疾病治疗的功效，主要包括嵌合抗原受体T细胞（chimeric antigen receptor T cell，CAR-T 细胞）治疗、T 细胞受体工程化 T 细胞（T cell receptor-gene engineered T cell，TCR-T 细胞）治疗、嵌合抗原受体 NK 细胞（chimeric antigen receptor NK cell，CAR-NK 细胞）治疗、嵌合抗原受体巨噬细胞（chimeric antigen receptor macrophage cell，CAR-M 细胞）治疗及嵌合抗原受体调节性 T 细胞（chimeric antigen receptor regulatory T cell，CAR-Treg 细胞）治疗等（表 2-1）。其中以 CAR-T、TCR-T、CAR-NK 及 TIL 细胞治疗发展最快，尤其是 CAR-T 细胞治疗产品，自 2017 年 8 月首款 CAR-T 细胞治疗产品正式获批以来，全球已有 13 款产品获批上市，其中美国食品药品监督管理局（Food and Drug Administration，FDA）批准 7 款，我国国家药品监督管理局（以下简称国家药监局）批准 5 款，印度中央药品标准控制组织（Central Drugs Standard Control Organization，CDSCO）批准 1 款（表 2-2），在血液肿瘤方面疗效显著。

表 2-1　免疫细胞治疗种类

技术分类	疗法分类	作用机制	优劣势及发展阶段	领域
非工程化免疫细胞治疗	LAK	淋巴细胞与高剂量淋巴因子的孵育可使细胞获得溶解肿瘤细胞的能力，具有广谱抗肿瘤作用	疗效不够确切，已非主流，主要应用于联合疗法	肿瘤
	CIK	添加γ干扰素、抗 CD3 刺激及高剂量 IL-2 可培养出更具细胞毒性的 CIK 细胞，不受主要组织相容性复合体（major histocompatibility complex，MHC）限制，具有广谱抗肿瘤作用	已非主流	肿瘤
	NK	NK 细胞的活化、过继转移或 NK 细胞的基因改造可以增强肿瘤细胞杀伤效果	先天免疫，无须事先激活；且无 MHC 限制；无免疫记忆；无法提供长期保护	肿瘤
	DC	将离体 DC 暴露于肿瘤抗原，催化其获得趋化因子受体、T 细胞共刺激受体、MHC Ⅰ类和Ⅱ类的上调以及分泌细胞因子的能力，重新注射到患者体内时诱导宿主抗肿瘤反应	主要为肿瘤疫苗；捕获抗原和抗原呈递能力强；吞噬能力弱	肿瘤
	TIL	自然发生的 TIL 被收集起来在体外激活和扩增，并重新注入到淋巴细胞耗竭的患者体内摧毁肿瘤	国际流行，国内初步发展；无脱靶毒性	实体肿瘤
工程化免疫细胞治疗	CAR-T	可特异性结合肿瘤表面抗原的 CAR，经基因工程改造被引入 T 细胞，可绕过 MHC 限制对细胞表面表达特定抗原的肿瘤细胞产生特异性杀伤	主流；长期免疫效应；特异性杀伤作用	肿瘤、自身免疫性疾病、感染疾病等
	TCR-T	筛选能特异性结合靶点抗原的 TCR 序列，采用基因工程手段将其导入 T 细胞中，回输后可特异性识别和杀伤表达抗原的肿瘤细胞	国际流行，国内初步发展；抗原范围广；对抗原敏感	肿瘤
	CAR-NK	嵌合抗原受体引入 NK 细胞增强特异性和功能性	新兴且发展迅速；通用型潜力；安全性高；多种杀伤机制；持续时间短	肿瘤
	CAR-M	嵌合抗原受体引入巨噬细胞增强特异性和功能性	新兴；靶向杀伤；抗原呈递	实体肿瘤
	CAR-Treg	嵌合抗原受体引入 Treg 细胞增强特异性和功能性	新兴；免疫抑制功能	自身免疫性疾病、移植
	CAR-γδT	嵌合抗原受体引入γδT 细胞增强特异性和功能性	新兴；先天免疫系统的一部分；独立于 MHC 识别抗原；但体内数量少	肿瘤

表 2-2　全球已批准的 CAR-T 细胞治疗产品

名称	研发机构	适应证	靶点	首次批准年份/机构
Kymriah（tisagenlecleucel）	瑞士诺华公司/美国宾夕法尼亚大学	急性 B 淋巴细胞白血病/B 细胞淋巴瘤	CD19	2017 年美国 FDA
Yescarta（axicabtagene ciloleucel）	美国吉利德科学公司	B 细胞淋巴瘤/滤泡性淋巴瘤	CD19	2017 年美国 FDA
Tecartus（brexucabtagene autoleucel）	美国吉利德科学公司	套细胞淋巴瘤/急性 B 淋巴细胞白血病/B 细胞淋巴瘤	CD19	2020 年美国 FDA 2021 年美国 FDA
Breyanzi（lisocabtagene maraleucel）	美国百时美施贵宝公司	B 细胞淋巴瘤	CD19	2021 年美国 FDA
Abecma（idecabtagene vicleucel）	美国百时美施贵宝公司	多发性骨髓瘤	BCMA	2021 年美国 FDA
奕凯达（阿基仑赛注射液）（引进自 Yescarta）	复星凯特公司	大 B 细胞淋巴瘤	CD19	2021 年中国 NMPA
倍诺达（瑞基奥仑赛注射液）①	药明巨诺公司	大 B 细胞淋巴瘤	CD19	2021 年中国 NMPA
Carvykti（ciltacabtagene autoleucel）	传奇生物公司	多发性骨髓瘤	BCMA	2022 年美国 FDA 2024 中国 NMPA
福可苏（伊基奥仑赛注射液）	驯鹿生物公司	多发性骨髓瘤	BCMA	2023 年中国 NMPA
源瑞达（纳基奥仑赛注射液）	合源生物公司	急性 B 淋巴细胞白血病	CD19	2023 年中国 NMPA
NexCar19（actalycabtagene autoleucel）	印度 ImmunoACT 公司	B 淋巴瘤/急性 B 淋巴细胞白血病	CD19	2023 年印度 CDSCO
赛恺泽（泽沃基奥仑赛注射液）	科济药业公司	多发性骨髓瘤	BCMA	2024 年中国 NMPA
Aucatzyl（obecabtagene autoleucel）	英国 Autolus Therapeutics 公司	急性 B 淋巴细胞白血病	CD19	2024 年美国 FDA

一、基础研究现状

（一）领域总体发展趋势

1. CAR-T 细胞治疗

CAR-T 细胞治疗是通过基因修饰技术，将带有特异性抗原识别结构域及 T 细胞激活信号结构域的遗传物质转入 T 细胞，使 T 细胞能够识别肿瘤细胞表面的特异性抗原，进而通过释放多种免疫因子杀伤肿瘤细胞，同时还能通过形成 T 细胞免疫记忆从而获得特异性的抗肿瘤长效机制。近年来，通过识

① 倍诺达（瑞基奥仑赛注射液）是在美国百时美施贵宝的子公司巨诺医疗的 CAR-T 细胞产品 Breyanzi 的工艺平台基础上自主开发的 CAR-T 细胞治疗产品。

别自身反应性 B 细胞等，CAR-T 细胞治疗在自身免疫性疾病等领域也取得多项进展。

虽然 CAR-T 细胞治疗为血液肿瘤带来了突破性的治疗手段，但仍面临一些问题，限制了其临床适应证范围和应用前景，主要包括：①CAR-T 细胞治疗面临抗原逃逸与肿瘤细胞抗原异质性问题，同时其体内持续性也不够理想，导致应用于血液肿瘤治疗时复发率比例较高；②CAR-T 细胞治疗存在产生细胞因子风暴和神经系统毒性等副作用，严重的甚至可致患者死亡；③当前的 CAR-T 细胞治疗以使用自体细胞为主，研发模式需要个体化制备细胞，成本高昂导致价格不菲，同时也存在等待时间长、治疗窗口狭窄、排期与流程复杂等问题；④实体瘤的肿瘤异质性较高，缺乏特异性靶点，导致 CAR-T 细胞治疗在实体瘤患者中疗效欠佳，且存在较大的“on-target off-tumor”隐患；⑤CAR-T 细胞治疗用于实体瘤存在肿瘤浸润不足及肿瘤微环境对其产生抑制的问题，显著影响其治疗效果；⑥由于病毒转导是随机基因组插入，导致内源基因失活或基因组不稳定而产生继发肿瘤机会增加。上述这些问题都影响了 CAR-T 细胞治疗的安全性、有效性和可及性，因而是当前攻关的重点方向。

第一，为提高 CAR-T 细胞治疗的有效性，科研人员通过开发有效特异性新靶点、提高 CAR-T 细胞的肿瘤浸润及改善 T 细胞耗竭等策略取得了一系列实质性的进步。在靶点发现方面，当前多组学数据的应用为发现 CAR-T 新靶点带来了新机遇[4]，助力发现了集落刺激因子-1 受体（colony-stimulating factor 1 receptor，CSF-1R）、CD86 等多种针对不同疾病的新靶标[5]。在提高 CAR-T 细胞浸润方面，通过调节特定因子阻断实体瘤细胞外基质形成[6]或降解基质以降低基质阻碍、瘤内给药及调节 CAR-T 细胞对趋化因子的响应等策略都已经展现出良好的应用效果。在改善 T 细胞耗竭方面，科研人员则开发出多种策略，包括工程化改造 T 细胞[7, 8]、优化 CAR 结构设计[9, 10]、调节 CAR-T 细胞代谢[11]、优化 CAR-T 细胞培养条件、将 CAR-T 细胞与肿瘤疫苗[12]等治疗方式联用等。此外，由抗原突变、抗原下调或抗原丢失导致的肿瘤免疫逃逸是 CAR-T 细胞治疗效果降低或肿瘤复发的主要原因之一。对此，研究人员开发出针对两个靶点的双特异性 CAR-T 细胞以减少肿瘤细胞的抗原逃逸、将细胞毒性T淋巴细胞相关抗原4（cytotoxic T-lymphocyte- associated antigen-4，CTLA-4）与CAR融合降低CAR介导的胞啃作用从而增强对肿瘤的杀伤效果[13]，以及利用小分子药物增加靶细胞的抗原表达等策略。

第二，为提高CAR-T细胞治疗的安全性，一方面，研究人员围绕提高靶点特异性，降低非肿瘤靶向毒性开展了大量研究，设计出synNotch受体CAR-T细胞[14, 15]、Co-LOCKR[16]及LINK CAR系统[17]等可执行AND、OR及NOT等布尔逻辑门控的多种新型CAR-T细胞策略，并探索出对CAR的亲和力进行控制的方法[18]。另一方面，研究人员还开发出利用糖皮质激素、IL-6受体拮抗剂托珠单抗、IL-1受体拮抗剂阿那白滞素[19]等免疫抑制剂来减少细胞因子风暴和免疫效应细胞相关神经毒性综合征等不良反应的策略，也通过设计使用小分子药物[20]或者声控、光控及自杀基因[21]等各种可逆调控开关等方式避免CAR-T细胞过度活化的方案，以期降低治疗过程中的不良反应。对于因病毒转导可能导致的继发肿瘤风险，非病毒导入技术尤其是定点插入技术（如CRISPR等基因编辑技术、睡美人转座子等）也在尝试中。

第三，降低生产成本、实现大规模生产、缩短生产周期等对于提高CAR-T细胞治疗的可及性具有重要现实意义。通用型CAR-T产品的开发是实现这一目标的重要途径之一，科研人员利用基因编辑等技术敲除T细胞中编码TCR和人类白细胞抗原（human leukocyte antigen，HLA）、CD52等的基因，或使用抗CD38单抗等免疫抑制剂，帮助避免移植物抗宿主病的发生，进而开发通用型CAR-T产品，目前已有相关产品进入临床研究。为降低生产成本，研究人员也开发使用电穿孔、转座子系统等非病毒递送技术来代替现在主流应用的病毒载体。同时，各企业也通过开发新型生产工艺来简化生产流程，缩短生产周期，如瑞士诺华公司开发的T-Charge[22]、美国Precigen公司开发的UltraCAR-T等，均实现了生产时间的大幅缩短。此外，利用RNA技术、改造后的慢病毒和腺病毒等靶向T细胞从而在体内直接生成CAR-T细胞也是当前的新兴方向之一，有助于提升CAR-T疗法应用的效率。干细胞分化的免疫细胞也是在临床阶段探索的一条路径，旨在做出批量化、低成本、均值性的免疫细胞。

第四，除在肿瘤领域外，近两年，国际上越来越多的研究显示CAR-T细胞疗法在治疗自身免疫性疾病、心衰和衰老等相关疾病方面也具有广阔的应用前景。例如，德国埃尔朗根-纽伦堡研究者已先后使用 CD19 CAR-T 细胞疗法成功治疗了多名系统性红斑狼疮[23，24]、抗合成酶抗体综合征[25]、系统性硬化症和特发性炎性肌病患者[26]。美国纪念斯隆-凯特琳癌症中心利用 CAR-T 细胞疗法实现长期持续清除老年小鼠体内的衰老细胞[27]。美国宾夕法尼亚大学等机构在体内利用 mRNA 编码的抗纤维化 CAR-T 细胞疗法减轻了心衰小鼠的心脏纤维化[28]。

2. TCR-T 细胞治疗

TCR-T 细胞治疗是指通过对自身 T 细胞进行肿瘤抗原特异性 TCR 基因工程改造，使之能够特异性识别肿瘤细胞并发挥抗肿瘤免疫反应的过继免疫治疗方法。相比 CAR-T 细胞治疗，TCR-T 细胞在实体瘤的治疗中展现出更好的前景，但同样也面临一些挑战。

首先，精确高效的肿瘤特异抗原和 TCR 的筛选鉴定及 TCR 优化是目前的一大瓶颈。近年来，随着高通量测序技术、质谱流式细胞术、微流控技术以及计算生物学等新兴技术的快速发展，TCR 抗原筛选技术 RAPTR[29]、抗原筛选系统 HANSolo[30]等一系列更加简便、高效、精确且高通量的 T 细胞抗原筛选方法不断被开发出来，肿瘤突变、人类白细胞抗原基因型、免疫治疗反应等相关临床数据库的建设也为预测 TCR 抗原靶点提供了新方法，尤其是针对临床极具潜力的新抗原开发的预测模型。TCR 的亲和力是影响抗肿瘤免疫反应的一个关键因素。研究人员一方面通过抗原肽-MHC 分子复合物（peptide-MHC，pMHC）识别位点的随机突变、噬菌体展示或通过免疫人源化小鼠与靶表位等方法鉴定高亲和力 TCR，另一方面通过改变和优化 TCR 序列等策略增强 TCR 亲和力。为避免 TCR 错配影响疗效，研究人员还采用鼠源性的 TCRα/β链的恒定区取代相应人源 TCRα/β链的恒定区、引入额外的二硫键、通过 CRISPR 技术敲低或敲除编码内源性 TCR 的 *TRAC* 和 *TRBC* 基因来确保 TCR 的正确组装。

其次，为提高疗法安全性和有效性，如何克服肿瘤免疫逃逸、解除肿瘤微环境抑制及改善 T 细胞的持久性也是当前 TCR-T 细胞治疗临床应用中面临的主要挑战。针对靶抗原在肿瘤细胞中的低表达或异质表达导致的原发性耐药问题，通过表达 IL-12、IL-18、CD40L 或 FLT3 促进表位扩张（epitope spreading）可避免肿瘤异质导致的免疫逃逸。此外，在 CAR-T 细胞治疗中已取得效果的多靶点联合策略也可用于解决抗原异质性问题。针对瘤细胞 MHC I 类分子的丢失或减少导致的肿瘤细胞免疫逃逸，可以通过给予干扰素或表观遗传修饰药物来恢复基因的表达。在实体瘤中，TCR-T 细胞同样也需要通过表达趋化因子来提高肿瘤浸润度。针对肿瘤微环境的缺氧、酸性等物理条件及免疫抑制特性导致的 T 细胞功能抑制和耗竭，可以通过与相应的细胞因子等结合来克服。此外，肿瘤细胞还通过上调表面免疫检查点配体抑制 T 细胞功能。提高 T 细胞的持久性也是改善 TCR-T 细胞治疗临床疗效的方法之一，如可在扩增阶段添加 IL-7 和 IL-15 来使干细胞样记忆性 T 细胞（stem memory T cell，TSCM）扩增，或添加 IL-21 来维持 TSCM 细胞表型，或给患者注射 IL-2 以支持 T 细胞在体内的增殖和存活[31]。具有 TSCM 表型的工程 T 细胞可提高 T 细胞在体内的持久性和长期抗肿瘤功效。

随着新抗原靶点的不断发现，如 T 细胞和 B 细胞白血病中特有的末端脱氧核苷酸转移酶（terminal deoxynucleotidyl transferase，TdT）[32]、实体瘤基质间质的 COL6A3 蛋白[33]，来自 KRAS G12D 突变的癌症新抗原[34]、$FLT3^{D835Y}$ 驱动突变[35]，基于此开发的 TCR-T 细胞治疗均已在临床前研究中展现出治疗潜力。

3. TIL 细胞治疗

TIL 即肿瘤浸润淋巴细胞，来源于肿瘤组织，经体外扩增后再回输患者体内，通过释放穿孔素、含颗粒酶的细胞质颗粒，以及表达肿瘤坏死因子诱导细胞凋亡等渠道特异性杀伤肿瘤。TIL 不是单个细胞的克隆，而是包含多种肿瘤特异性抗原的 T 细胞群，包括 $CD8^+$T 细胞、$CD4^+$T 细胞、γδT 细胞等，其中 $CD8^+$T 细胞是主要的效应细胞。与 CAR-T、TCR-T 等其他过继细胞疗法相比，TIL 细胞治疗对靶点无要求，具有低脱靶毒性，其 TCR 多样性可同时激发多个靶点的抗肿瘤效应，由于本身来源于患者肿瘤组织，同时还具有较强的肿瘤归巢能力，因此在治疗实体瘤方面具有独特的优势。

扩增以获得足够数量的具有特定肿瘤特异性的 T 细胞是开发 TIL 细胞治

疗的重要前提。TIL 细胞治疗产品的生产过程通常要耗费 6～8 周，过长的体外培养时间使 TIL 细胞易发生耗竭，影响体内疗效，对此美国 NIH 的研究人员开发了一种快速扩增的方法“Young TIL”，大幅缩短了时间，提高了 TIL 治疗效果。另外，常规的 TIL 细胞治疗产品通常需要高剂量的 IL-2 来维持生长和活性，但又会伴随高剂量 IL-2 引发全身毒性的风险，极大限制了 TIL 的临床应用。随着 TIL 细胞治疗研究的持续深入，研究人员发现，与单独使用 IL-2 相比，IL-2/15/21 联合应用可增强肺癌和结直肠癌中的 TIL 扩增，抗 PD-1、抗 41BB 或抗 CTLA-4 可以提升 TIL 的扩增效率。在筛选并富集 TIL 细胞中具有特定肿瘤特异性的 T 细胞方面，识别和鉴定新抗原特异性 TIL 的能力不断提高，如 MATIC[36]、NeoScreen[37]等新技术的开发提高了 TIL 筛选的通量和识别能力。

在提高 TIL 疗效方面，TIL 细胞在治疗实体瘤方面具有独特的优势，但同样也面临肿瘤微环境的免疫抑制等问题。为提高常规 TIL 的体内存活率、持久性和杀伤功能，避免肿瘤微环境的免疫抑制，降低大剂量 IL-2 的毒性，目前研究人员正通过病毒或基因编辑技术来积极研究新一代 TIL 产品。一方面，新一代 TIL 的临床尝试目前主要集中在使 TIL 过表达如 IL-2、IL-12 和 IL-15 等细胞因子；另一方面，临床中也在积极测试敲除 TIL 中 T 细胞功能调节因子如 PD-1 和 CISH 的可行性。然而如何合理选择或鉴定对 TIL 治疗最有益的靶基因仍有待探索。另外，由于 TIL 的细胞组成和生长速度与外周血来源的细胞不同，这为利用基因编辑技术改造细胞带来了挑战[38]。

4. CAR-NK 细胞治疗

NK 细胞是一类无须预先致敏就能非特异性杀伤肿瘤细胞和病毒感染细胞的淋巴细胞，这种非抗原依赖的杀伤能力，具有应对因肿瘤抗原异质性而导致的免疫逃逸和肿瘤复发的优势。与 B 细胞和 T 细胞不同，NK 细胞不表达抗原特异性识别受体，也不受 MHC 类别限制，所以，不会攻击异体细胞，从而避免移植物抗宿主病，是天然的通用细胞产品。NK 细胞的表面受体主要分为两类：激活型受体和抑制型受体。这些激活型受体/抑制型受体与其对应配体相互识别后所传递的正调/负调信号之间的平衡，决定了 NK 细胞的活化与功能。

从来源上看，NK 细胞具有多种获取途径，包括脐带血、外周血、NK-92 细胞系等，不同来源的 NK 细胞各有优劣。例如，异体外周血来源 NK 细胞抗肿瘤活性强，脐带血来源 NK 细胞增殖能力强，但这些来源的 NK 细胞目前面临需反复筛选供者和采样，不同供者血样导致的不同质起始物对生产工艺和质量控制的影响，终产品的不均一性对临床疗效的影响，及由此带来的高生产成本等问题。NK92 细胞系来源的 NK 细胞虽然获取相对简单，但面临成药性、临床应用监管及疗效不理想等挑战。近年来，随之而兴起的对策是通过基因编辑技术对诱导多能干细胞（induced pluripotent stem cell，iPSC）进行修饰并加入特定 CAR，获得理想的单克隆和三级细胞库，进而利用规模化的生产工艺，分化扩增得到足够纯度和数量的 iPSC-CAR-NK 产品，有望规模化生产出同质均一患者可及的药，但 iPSC-CAR-NK 细胞尚待进一步深入研究。

虽然与 CAR-T 细胞治疗相比，CAR-NK 具有更安全、成为现货潜力等优势，但与 CAR-T 细胞治疗相关的瓶颈挑战同样也存在于 CAR-NK 细胞治疗中，包括靶抗原选择、CAR 设计、细胞存续、临床疗效、生产制造等瓶颈问题。

在靶抗原选择方面，与 CAR-T 类似，CAR-NK 细胞治疗可选择的靶点也为肿瘤细胞表面特异性或相关抗原。为进一步扩大 CAR-NK 细胞的治疗范围，寻找高度一致表达的肿瘤靶抗原也是面临的一个关键挑战。目前除已在 CAR-T 细胞治疗中得到验证的 CD19、BCMA，针对 NKG2D、ROBO1、5T4、MSLN 等靶点的 CAR-NK 细胞治疗也已开展相关临床研究。而在一些靶点上，CAR-NK 细胞展示出独特的优势。例如，针对 CD33 靶点的 CAR-T 细胞的长期存活可能造成潜在的长期造血抑制，而靶向 CD33 的 CAR-NK 细胞则副作用相对较轻[39]，靶向 CD123 的 CAR-NK 细胞治疗产品也具有较优的安全性和有效性[40]。此外，CAR-NK 细胞治疗同样也面临非肿瘤靶向毒性问题。为此，在 CAR-T 研究中已使用的双/多特异性 CAR 和逻辑门控策略也同样适用于 CAR-NK，如美国 Senti Bio 公司开发的同种异体 CAR-NK 细胞治疗产品 SENTI-202。

在安全性、有效性和持久性方面，首先，CAR-NK 细胞治疗也面临着 CAR 抗原丢失或下调导致的肿瘤逃逸风险，而与 CAR-T 细胞治疗相比，NK 细胞固有的 CAR 非依赖性杀伤能力可有效降低这种风险，此外，NK 细胞的表面受体也为特异性杀伤肿瘤细胞提供了新方法，如美国得克萨斯大学等机构基于 NK 细胞表面受体 KIR 开发了一种双靶向 CAR，在有效杀伤肿瘤细胞的同时可避免 NK 细胞的自相残杀[41]。在应对实体瘤方面，可以通过局部给药或工程化表达各种趋化因子 CCR7、CCL19、CXCR1、CXCR4 等来改善 NK 细胞归巢。在肿瘤微环境中，大量存在的免疫抑制细胞和 TGF-β、IDO 及 IL-4 等可溶性免疫抑制因子会造成 NK 细胞耗竭。一方面，可通过“装甲”CAR-NK 细胞表达外源基因来调节局部肿瘤微环境，或与 TGF-β通路抑制剂等联用来克服免疫抑制。另一方面，可利用免疫检查点 PD-L1、细胞因子检查点 CISH[42] 等来调节 NK 细胞活性。NK 细胞在体内存活时间较短，生理寿命仅有 2 周，这为 CAR-NK 细胞产品的体内扩增和长期持久性带来了难题。目前使用外源性细胞因子来增加过继性 NK 细胞的增殖和耐久性。常见的扩增方法依赖于 IL-2、IL-12、IL-15、IL-18 和 IL-21 等一系列细胞因子进行刺激。特定的细胞因子混合物可以将 NK 细胞调整为特定的表型，如 IL-12、IL-15 和 IL-18 的组合可以促进记忆样 NK 细胞的产生，其表现出最佳的体内持久性和抗肿瘤活性，或使 NK 细胞自表达细胞因子[43]也可促进细胞扩增和持久性。

（二）中国发展现状

1. CAR-T 细胞治疗

近年来，我国在 CAR-T 细胞治疗基础研究方面取得多项重要进展。从治疗角度来看，克服 T 细胞耗竭、肿瘤免疫逃逸等以提升疗效是我国当前的研究热点。从提高生产效率、降低生产成本方面来看，开发通用型 CAR-T 细胞、基于非病毒载体的 CAR-T 细胞、缩短生产时间及实现体内生成细胞治疗是当前的热门和潜在研发方向。

从治疗方面来看，为阻止或扭转 T 细胞耗竭，以及提升 CAR-T 细胞的体内持久性，我国在 CAR 结构和机制的解析及改造、T 细胞基因工程改造及代谢调控等方面开展了多项原创性探索研究。

在 CAR 结构方面，上海科技大学解析了 CAR 基底信号的形成机制，提出了 CAR-T 信号的“峰尖理论”[44]，并据此构建了领域中首个人工智能驱动的 CAR-T 设计平台[45]。基于“峰尖理论”，该团队还设计了一种可通过提高 CAR 分子稳定性，来显著提高抗肿瘤效果和体内持续性的可循环 CAR[46]。清华大学设计构建了兼具 CAR 的抗原识别域和 TCR 的恒定区的合成 T 细胞受体抗原受体（synthetic T cell receptor and antigen receptor，STAR）[47]。上海交通大学等设计出一种包含独立共刺激信号 OX40 的 anti-CD20-BBZ-OX40 CAR-T 细胞[48]。中国科学院分子细胞科学卓越创新中心、北京大学和美国加州大学等将 CD3ε 结构域嵌入到二代 CAR-T 细胞中得到的新型 E28Z CAR-T 细胞，具有更高的生长持续性和抗肿瘤能力，及更低的细胞因子分泌水平[49]。在改造 T 细胞以提升抗耗竭能力方面，中国科学院动物研究所发现敲除 T 细胞中编码转录因子 BATF 的基因可提升 CAR-T 细胞的抗耗竭能力[50]。清华大学和中山大学研究人员发现造血祖细胞激酶 1（hematopoietic progenitor kinase 1，HPK1）是改善 T 细胞耗竭，提高抗肿瘤效果的有效靶点[51]。为克服肿瘤微环境中与代谢失调相关的 T 细胞耗竭问题，增强 CAR-T 细胞的抗肿瘤效果，我国研究人员在代谢调控方面也取得了一定的研究进展。中国浙江大学和瑞士洛桑联邦理工学院联合研究发现代谢增强型 IL-10 CAR-T 细胞通过分泌 IL-10，促进了 CAR-T 细胞的增殖和效应功能[52]，基于该技术开发的 Meta10-19 正在开展临床转化研究。厦门大学等机构构建了一种膜融合脂质体 T-Fulips，利用活性氧捕获剂避免 T 细胞表面氧化[53]。浙江大学研究者使用美国 FDA 批准的线粒体相关小分子抑制剂证实线粒体异柠檬酸脱氢酶 2（isocitrate dehydrogenase 2，IDH2）是 CAR-T 细胞代谢适应性和功能持久性的关键调节因子[54]。

在提高有效性方面，除了克服 T 细胞耗竭外，我国研究人员还研究通过多种手段来避免肿瘤免疫逃逸导致的复发等问题。首都医科大学等研究团队首次揭示了 CAR-T 细胞可以作为“供者”向肿瘤细胞提供 CAR 分子，从而导致 CAR-T 细胞失活及肿瘤免疫逃逸这一“逆向胞啃”过程，并基于此提出了 CAR 分子的设计与相应靶点的密度相适配的新策略[55]。中国人民解放军总医院在 CAR-T 细胞治疗后抵抗与再进展复发患者样本中鉴定出抵抗 CAR-T 细胞的关键蛋白 NOXA[56]。在极具克服肿瘤免疫逃逸潜力的双特异性 CAR-T 产品的开发上，围绕 CD19、CD22、CD20 等靶点我国已积极推进至临床。驯鹿生物与华中科技大学开发了一种 CD5/CD7 双靶点的 CAR-T 细胞，并利用 CRISPR 技术敲除编码 CD5 和 CD7 的基因以防止 CAR-T 细胞自相残杀，在体内外均展现了强大的抗肿瘤效果[57]。

在 CAR-T 细胞治疗的安全性方面，当前虽已有手段能较好控制 CAR-T 细胞临床应用中的细胞因子释放综合征，但为进一步提高 CAR-T 细胞治疗的安全性，中国科学院国家纳米科学中心的研究人员发现将 IL-6 抗体与水凝胶化学偶联，注射后能够实时可控地吸附炎症因子 IL-6，可有效预防和抑制细胞因子释放综合征相关的症状[58]。

为降低生产成本、实现大规模生产、缩短生产周期等，我国目前已在开发通用型 CAR-T 细胞产品、开发非病毒载体及简化生产过程等方面取得了一些重要进展。首先，在通用型 CAR-T 细胞开发方面，我国目前主要是利用 CRISPR 等基因编辑技术进行通用型 T 细胞设计，通用 CAR-T 细胞的开发早已进入临床阶段，大多针对 CD19、BCMA、CD7 等较成熟靶点。其次，在 CAR-T 细胞制备的核心环节基因转染步骤，慢病毒或逆转录病毒等病毒载体同样仍是我国目前的主流基因递送方式，但考虑到成本、安全性等因素，我国目前在极具前景的电穿孔等非病毒载体方面进行了临床可行性探索和优化改进研究[59]。浙江大学和华东师范大学等机构利用电穿孔递送的 CRISPR/Cas9 基因编辑技术实现了 CAR-T 细胞中 *PD-1* 基因的敲除及 CD19 *CAR* 基因的定点整合[60]。但电转双链 DNA 会造成严重的原代 T 细胞死亡，这极大降低了递送效率，武汉大学研究人员发现利用等渗电转缓冲液制备的 CAR-T 细胞数比商业电转多达 20 倍[61]。最后，我国多家企业已开发的相关技术极大地缩短了自体 CAR-T 细胞的生产时间，如亘喜生物（阿斯利康收购）也开发了一种 FasTCAR 次日生产技术，显著将生产时间缩短至 22～36h。恒润达生开发的 DASH CAR-T 平台可在 48h 内完成 CAR-T 细胞制备，无须体外扩大培养，制成的 CAR-T 细胞保留干细胞样特性。同时，在全球近年来逐渐兴起的体内直接生成 CAR-T 细胞方面，我国也取得积极进展，如华东师范大学研究人员利用 CD3 抗体修饰的 LNP 实现了体内 CAR-T 细胞的生成[62]。

2. TCR-T 细胞治疗

近年来，TCR-T 细胞治疗虽在多种实体瘤的临床试验中取得了多项重要进展，但仍面临靶抗原特异性低、TCR 亲和力低、非肿瘤靶向毒性及交叉反应毒性、肿瘤免疫微环境抑制及免疫逃逸等问题。为此，国内围绕抗原和 TCR 的筛选鉴定，及 TCR-T 细胞的开发等方面开展了相应基础研究。

抗原/TCR 筛选是 TCR-T 细胞治疗产品开发的重要环节，而能够高通量快速有效筛选对于该环节具有重要意义。清华大学研究人员开发了一种可用于筛选 TCR-pMHC 相互作用的高通量 TCR 抗原发现系统 YAMTAD[63]。重庆医科大学与日本富山大学研究人员基于发现的 T 细胞识别抗原新机制建立了高效快速的功能性 TCR 基因筛选技术[64]。由于 TCR 与抗原表位相互作用的实验检测和确定通常既费时又昂贵，基于人工智能（artificial intelligence，AI）开发相应的预测模型应运而生。清华大学的研究人员开发一种深度学习模型 TEIM，来准确预测 T 细胞受体和抗原表位相互作用[65]。同济大学创新性地研究开发了普适有效的抗原-TCR 亲和力预测的 AI 模型——PanPep[66]。

近年来，来自我国北京大学、中国科学院微生物研究所、中国科学院广州生物医药与健康研究院、广州医科大学、暨南大学等的多个研究团队针对人乳头状瘤病毒（human papilloma virus，HPV）[67]、乙型肝炎病毒（hepatitis B virus，HBV）[68]、MAGE-A3[69]、NY-ESO-1[70]、KRAS[71]及新抗原[72]等进行了相应抗原表位和 TCR 的筛选鉴定，并在一些研究的基础上更进一步地进行了 TCR-T 细胞的构建，为肝细胞癌、HPV 相关癌症、非小细胞肺癌等多种实体瘤带来潜在治疗手段。此外，为进一步提升 TCR-T 细胞治疗的功效，国内研究团队也在进行 TCR 优化、T 细胞功能影响因素及联合疗法等方面的研究，如消除 TCR 错配[73]、发现 TCR 信号转导机制[74]、解析肿瘤 PDL1 在单细胞水平上对 TCR-T 细胞功能的影响[75]、地西他滨与 NY-ESO-1 特异性的 TCR-T 细胞联用[76]等。

3. TIL 细胞治疗

在 TIL 细胞治疗研究方面，我国最快的虽已推进至临床，但整体上数量相对较少，且仍处于早期研究状态。由于 TIL 细胞本身具有多样性，大规模的泛癌症 T 细胞图谱有助于发挥 TIL 在抗肿瘤免疫治疗中的巨大潜能，利用单细胞测序和生物信息技术，北京大学不仅完成了肝癌、非小细胞肺癌和结直肠癌三个癌种单细胞水平的 T 细胞研究，还构建了涵盖 21 种癌症类型的泛癌症 T 细胞单细胞图谱[77]。在疗法开发上，TIL 在体外大量扩增时面临易耗竭及回输后体内存续时间短的问题，在此方面，中国科学院分子细胞科学卓越创新中心研究发现肿瘤微环境中富集的氧化型胆固醇可以引起肿瘤浸润 T 淋巴细胞发生胆固醇缺陷，胆固醇正常化可改善细胞的抗实体瘤效果[78]。还有研究表明提高 TIL 记忆表型可改善此类问题，沙砾团队发现对调控 T 细胞的关键信号通路 PI3K/AKT 进行抑制或敲除 AKT1/2 蛋白的编码基因，可更好地保持 TIL 的干性，同时增加 $CD8^+$ T 细胞的优势扩增和对肿瘤的杀伤能力[79]。

4. CAR-NK 细胞治疗

在我国，CAR-NK 细胞治疗大多仍处于早期临床阶段，研究人员一方面针对肿瘤组织的 NK 细胞进行了免疫机制研究，另一方面对 CAR 结构及开发 CAR-NK 细胞进行了探索。

对肿瘤组织 NK 细胞开展全面系统的研究有利于为 NK 细胞免疫治疗扫清障碍。在 NK 细胞的基础研究方面，中国科学技术大学进行了长期探索研究，发现肝癌中浸润的 NK 细胞线粒体发生断裂会导致其抗肿瘤功能丢失[80]，还发现肿瘤组织微环境中 NK 细胞丢失表面膜突起，使其无法识别并杀死肿瘤细胞[81]。此外，北京大学及中国科学技术大学等研究团队发现并揭示了肿瘤免疫微环境的 NK 细胞亚群及其与微环境中其他组分的潜在调控关系[82]。

目前 CAR-NK 细胞的结构通常为 CAR-T 所使用的 CAR 结构，为提升 CAR-NK 细胞治疗效果，我国研究人员针对 CAR 结构进行了研究。中国医学科学院研究发现使用 NK 细胞相关激活受体 2B4 作为共刺激结构域的 CAR-NK 细胞，与使用 T 细胞相关激活受体 4-1BB 的 CAR-NK 细胞相比具有更强大的肿瘤杀伤能力[83]。从细胞来源上看，目前我国的先博生物、英百瑞、恩凯赛药等多个企业主要是对外周血来源的 NK 细胞进行改造和开发，启函生物、星奕昂等企业在更具标准化和均一化的 iPSC-CAR-NK 产品方面进行研究开发。

近年来，在早期研究中我国浙江大学、澳门大学与广州医科大学等多个机构的研究团队针对 CD19[84]、CD38[85]、B7-H3[86]、MSLN[87]及 CD33 等靶点进行了 CAR-NK 细胞治疗的开发，为 B 细胞淋巴瘤、T 系血液肿瘤、非小细胞肺癌、胃癌、急性髓系白血病等多种肿瘤带来潜在治疗手段。同时，中国医学科学院、山东大学研究团队还发现与抗 PD-L1 单抗[88]、STING 激动剂 cGAMP[89]等联用可增强 CAR-NK 细胞的抗肿瘤活性。此外，南京师范大学等研究团队发现利用注射葛根素可缓解瘤内缺氧，逆转免疫抑制[90]。这些研究为进一步提升疗法效果提供了新思路。

二、临床转化与产品研发现状

（一）领域总体发展趋势

1. CAR-T 细胞治疗

2019～2023 年，全球新注册的 CAR-T 细胞治疗的临床试验已有近 1500 项，用于血液肿瘤的最多，其次为实体瘤和其他疾病[91]。从适应证及靶点布局来看，目前血液肿瘤中 CD19、BCMA、CD22、CD20 及 CD7 等靶点为研究最多的靶点，且已被证实具有临床疗效，实体瘤中 GPC3、Mesothelin、Claudin-18.2、GD2、HER2IL-13Rα2、EGFR、PSMA 等靶点也已在临床试验中被证实具有治疗实体瘤的潜力。此外，CAR-T 细胞治疗还有望为自身免疫性疾病等其他疾病患者带来治疗新希望。从细胞来源来看，在自体细胞治疗基础上，占据生产优势的通用型 CAR-T 目前也在临床中展现出可能的前景。

1）血液肿瘤

自 2017 年首款 CAR-T 产品上市以来，目前已上市的 13 款 CAR-T 产品只针对 CD19 和 BCMA 两个靶点，均用于血液肿瘤的治疗。随着产品的不断获批上市，以及临床研究中长期疗效的不断验证，CAR-T 细胞治疗逐渐成为血液肿瘤患者的重要治疗手段，并逐步向癌症治疗的前线推进。例如，Yescarta 已成功获得美国 FDA 批准，成为全球首个用于大 B 细胞淋巴瘤二线治疗的 CAR-T 细胞治疗产品，同时正研究其作为一线疗法的前景[92]。

然而，CAR-T 目前也面临 CD19 及 BCMA 等靶点扎堆的问题，部分适应证尚未取得突破及面临复发等问题，如当前已上市的产品中有 9 款是以 CD19 为靶点。差异化设计将有望为产品带来更多优势。例如，瑞士诺华公司的 YTB323 所用的生产工艺可有效缩短 CAR-T 细胞的生产时间，并保留了 T 细胞干性，已在早期临床研究显示出更优的安全性和抗肿瘤效果，目前正进行Ⅲ期临床研究[93]。针对国内细胞药物同质化申报，CDE 也于 2021 年针对 CAR-T 细胞药物发布了《以临床价值为导向的抗肿瘤药物临床研发指导原则》，明确指出“新药研发应以为患者提供更优的治疗选择为最高目标，当选择非最优的治疗作为对照时，即使临床试验达到预设研究目标，也无法说明试验药物可满足临床中患者的实际需要，或无法证明该药物对患者的价值。”因此相关产品的研发还是要充分考虑患者获益、创新性和市场容量。

从适应证来看，目前获批的 CAR-T 均用于各种类型的 B 细胞恶性肿瘤治疗，然而，针对 T 系血液肿瘤的 CAR-T 细胞产品研发依然面临着 CAR-T 细胞自相残杀、生产过程中恶性 T 细胞污染等许多挑战。国际上目前正针对 CD4、CD5、CD7、CD3、TRBC1 及 CCR4 等潜在靶点开发 T 系血液肿瘤的 CAR-T 细胞治疗产品[94]，如英国 Autolus Therapeutics 公司靶向 TRBC1 的 AUTO4。

针对由抗原逃逸导致的复发，研究人员围绕 CD19、CD22、CD20 及 BCMA 等靶点正进行双靶点 CAR-T 细胞治疗的开发（表 2-3），并已于血液肿瘤临床研究中在可行性、安全性和有效性方面显示出一些积极的结果，如美国威斯康星医学院[95]、美国斯坦福大学[96]等机构分别开展的 I 期临床试验证明了针对 CD19/20、CD19/22 的双靶点 CAR-T 细胞的安全性和有效性。在产品开发方面，目前美国 ImmPACT Bio、美国 2Seventy 及德国美天旎生物技术等公

表 2-3　国际开展临床试验的双靶点 CAR-T 细胞治疗产品例举

机构	名称	靶点	适应证	阶段
美国 2Seventy 公司/丹麦诺和诺德公司	bbT-369	CD20/CD79A	B 细胞非霍奇金淋巴瘤	I/II 期
美国 ImmPACT Bio 公司	IMPT-314	CD19/ CD20	B 细胞淋巴瘤	I/II 期
法国 Cellectis 公司	UCART20x22	CD20/ CD22	B 细胞非霍奇金淋巴瘤	I/II 期
德国美天旎生物技术公司	MB-CART2019.1	CD19/ CD20	弥漫性大 B 细胞淋巴瘤、B 细胞非霍奇金淋巴瘤	I/II 期
美国威斯康星医学院	CAR-20/19-T	CD19/ CD20	B 细胞非霍奇金淋巴瘤、慢性淋巴细胞白血病、小淋巴细胞白血病	I/II 期
俄罗斯联邦儿童肿瘤学、血液学和免疫学科研中心	MB-CAR-T19-22	CD19/CD22	急性 B 淋巴细胞白血病	I/II 期
美国 Poseida Therapeutics 公司	P-CD19CD20-ALLO1	CD19/CD20	B 细胞恶性肿瘤	I 期

司开发的多款双靶点 CAR-T 细胞治疗产品均已进入临床阶段，其中最快的已至临床Ⅱ期。同时，美国 Poseida Therapeutics、法国 Cellectis 等通用型细胞治疗公司开发的多款通用型双靶点 CAR-T 产品也已获批进入临床。

2）实体瘤

目前在实体瘤领域尚无 CAR-T 产品上市，CAR-T 在该方面还面临多重挑战，包括：实体瘤的抗原异质性导致缺乏特异性靶点、实体瘤中淋巴细胞浸润度不足、肿瘤微环境的免疫抑制及导致的细胞耗竭等。为此，对潜在理想靶标的临床验证、对 T 细胞的功能改造以及逻辑门控策略的设计开发已成为目前研究人员的主要研究方向，以提升 CAR-T 细胞在实体瘤中的疗效和安全性。

近两年，国际上多家科研机构和企业已在治疗实体瘤尤其是脑瘤方面先后取得了多项临床早期研究重要成果。例如，美国斯坦福大学的一项临床研究结果显示靶向 GD2 的 CAR-T 细胞治疗产品可使 H3-K27M 突变阳性的弥漫性中线胶质瘤患者显著受益[97]。意大利班比诺格苏医院和研究所（Bambino Gesu Hospital and Research Institute）在一项Ⅰ/Ⅱ期研究中使用 GD2 靶向的 CAR-T 细胞 GD2-CART01 使 63%的复发性或难治性高风险神经母细胞瘤患者接受治疗后产生积极应答治疗，GD2-CART01 还添加了可诱导的半胱天冬酶 9（inducible caspase 9，IC9）自杀基因以进一步提升疗法的安全性[98]。美国哈佛大学研究者开发了一款能够同时靶向表皮生长因子受体Ⅲ型突变体（epidermal growth factor receper variant Ⅲ，EGFRvⅢ）和野生型 EGFR 的 CAR-T 细胞 CARv3-TEAM-E，Ⅰ期临床试验结果显示，在接受治疗的 3 名复发性胶质母细胞瘤患者中，1 名患者的肿瘤几乎完全消失[99]。美国希望之城在一项Ⅰ期临床研究中发现，脑胶质母细胞瘤患者在接受靶向白细胞介素 13 受体 α2（interleukin-13 receptor α2，IL-13Rα2）的 CAR-T 细胞 MB-101 局部注射后，一半（29/58）患者病情得到了稳定，两名患者实现了完全缓解[100]。在产品开发上，德国 BioNTech 开发的 BNT211（靶向癌胚抗原 CLDN6 的 CAR-T 细胞及编码 CLDN6 的 CAR-T 细胞扩增 RNA 疫苗联合组成），和美国 AffyImmune Therapeutics 开发的用于甲状腺癌的 AIC100（经亲和力调整的 CAR-T 细胞产品），均已取得了临床Ⅰ期的初步积极数据，并获得了相关的资格认定。

与此同时，国际上还有更多已进入临床试验阶段，但目前还尚需更多临床验证的实体瘤 CAR-T 细胞产品（表 2-4），这些产品通过为 T 细胞“装甲”或进行逻辑门控设计等策略来提高产品的靶向特异性、安全性和有效性。例如，在提高对肿瘤细胞的特异性方面，A2B530 和 A2B694 通过添加阻断受体来阻止对正常细胞造成杀伤，AB-1015 通过靶向双抗原来提高安全性。此外，CHM-1101 通过使用蝎毒中的氯代毒素（chlorotoxin，CLTX）修饰 CAR-T 细胞来提高其靶向性；在提高 T 细胞功能性方面，LYL-797 通过表达 c-Jun 改善 T 细胞耗竭问题，PRGN-3005 通过表达膜结合型 IL-15（membrane- bound IL-15，mbIL15）来增强体内扩增和持久性等。

表 2-4　国际开展临床试验的实体瘤 CAR-T 细胞治疗产品例举

机构	名称	靶点	适应证	阶段
德国 BioNTech 公司	CLDN6 CAR-T	CLDN6	晚期实体瘤、实体瘤	Ⅰ/Ⅱ期
澳大利亚 Carina Biotech 公司	CNA-3103	LGR5	转移性结直肠癌、实体瘤、卵巢癌、晚期结直肠癌	Ⅰ/Ⅱa 期
捷克 Sotio Biotech 公司	BOXR-1030	GPC3	肝细胞癌、Merkel 细胞癌、黏液样脂肪肉瘤	Ⅰ/Ⅱ期
美国 A2 Biotherapeutics 公司	A2B530	CEACAM5	胰腺癌、结直肠癌、肺癌、实体瘤	Ⅰ期
美国 AffyImmune Therapeutics 公司	AIC-100	ICAM1	甲状腺癌	Ⅰ期
美国 ArsenalBio 公司	AB-1015	MSLN	卵巢上皮癌、卵巢癌	Ⅰ期
日本 BrightPath Biotherapeutics 公司/日本信州大学	BP-2301	HER2	妇科肿瘤、肉瘤、实体瘤	Ⅰ期
澳大利亚 Chimeric Therapeutics 公司	CHM-1101	CLTX	胶质母细胞瘤	Ⅰ期
瑞士 CRISPR Therapeutics 公司	CTX-130	CD70	T 细胞淋巴瘤、肾细胞癌	Ⅰ期
传奇生物公司	LB2102	DLL3	小细胞肺癌、大细胞神经内分泌癌	Ⅰ期
美国 Lyell Immunopharma 公司	LYL-797	ROR1	实体瘤	Ⅰ期
美国 Precigen 公司	PRGN-3005	IL15/MUC16	腹膜癌、输卵管癌、卵巢癌	Ⅰ期
美国希望之城国家医疗中心/美国 Mustang Bio 公司	MB-101	IL13Rα2CD7	胶质瘤、胶质母细胞瘤	IIT

3）自身免疫性疾病及衰老、心衰等

除在肿瘤领域外，近两年，已不断有研究显示 CAR-T 细胞治疗在系统性红斑狼疮及抗合成酶抗体综合征等自身免疫性疾病的应用前景。德国埃尔朗根-纽伦堡大学在此领域已成功进行了多次初步临床研究。2021 年，德国埃尔朗根-纽伦堡大学首次报告了一例系统性红斑狼疮患者在接受 CD19 CAR-T 治疗后，获得了快速缓解[23]。2022 年，该机构再次报告了另外 5 名系统性红斑狼疮患者经 CAR-T 细胞治疗后均实现了无药物缓解，在长时间随访中也未出现复发[24]。2023 年，该机构发现一名抗合成酶抗体综合征患者也成功受益于 CD19 靶向的 CAR-T 细胞治疗[25]。2024 年，该机构的一项长期随访研究再次显示，CD19 CAR-T 细胞安全有效地治疗了 15 名自身免疫性疾病患者，包括系统性红斑狼疮、系统性硬化症和特发性炎性肌病[26]。

在产品开发方面，目前已有多个产品进入临床开发阶段，用于治疗重症肌无力、系统性红斑狼疮、狼疮性肾炎及多发性硬化症等多种自身免疫性疾病（表 2-5）。其中，美国 Cartesian Therapeutics 公司的 Descartes-08 是全球首个获批进入临床的自身免疫性疾病 CAR-T 细胞治疗产品，Ⅰb/Ⅱa 期临床研究显示，重症肌无力患者明显受益于该疗法[101]。另外，与目前的产品多为自体不同，美国 Caribou Biosciences 公司的 CB-010 和美国 Atara Biotherapeutics 公司的 ATA3219 均为异体疗法，为避免移植物抗宿主反应与宿主抗移植物反应，CB-010 利用 CRISPR 技术敲除了编码 TRAC 和 PD-1 的基因，ATA3219 则是基于 EB 病毒（Epstein-Barr virus，EBV）的 T 细胞开发。与单靶点相比，

表 2-5　国际开展临床试验的自身免疫性疾病 CAR-T 细胞治疗产品例举

机构	名称	靶点	适应证	阶段
美国 Kyverna Therapeutics 公司	KYV-101	CD19	狼疮性肾炎、多发性硬化症、重症肌无力	Ⅱ期
美国 Cartesian Therapeutics 公司	Descartes-08	BCMA	重症肌无力	Ⅱ期
美国 Cabaletta Bio 公司	CABA-201	CD19	狼疮性肾炎或系统性红斑狼疮和特发性炎症肌病、重症肌无力	Ⅰ/Ⅱ期
美国 Immpact Bio 公司	IMPT-514	CD19 /CD20	系统性红斑狼疮	Ⅰb/Ⅱ期
美国 Cabaletta Bio 公司	Dsg3 CAAR-T	DSG3	黏膜寻常型天疱疮	Ⅰ期
美国 Caribou Biosciences 公司	CB-010（同种异体）	CD19	狼疮肾炎	Ⅰ期
美国 Atara Biotherapeutics 公司	ATA3219（同种异体）	CD19	狼疮肾炎	Ⅰ期
美国百时美施贵宝公司	CC-97540	CD19	系统性红斑狼疮、特发性炎症性肌病、系统性硬化症	Ⅰ期

双靶点产品有望更加深入彻底地清除患者体内的致病 B 细胞，首个用于治疗系统性红斑狼疮的双特异性 CD19/CD20 CAR-T 细胞产品 IMPT-514 已获美国 FDA 批准进入临床试验阶段。

除通过靶向 B 细胞表面抗原治疗自身免疫性疾病外，2016 年美国宾夕法尼亚大学等机构研究人员开发了一种表达嵌合自身抗体受体（chimeric autoantibody receptor T，CAAR-T）的 T 细胞，这种细胞通过靶向 B 细胞表面的自身抗体发挥作用[102]。基于此研究，美国 Cabaletta Bio 公司开发了一款用于治疗黏膜类寻常型天疱疮的 Dsg3-CAAR-T 细胞。此外，还有多款 CAAR-T 细胞产品已在临床前动物模型研究中显现出治疗潜力，如美国 Cabaletta Bio 公司用于治疗重症肌无力的 MuSK-CAAR-T 细胞疗法[103]，及德国神经退行性疾病中心用于 NMDAR 脑炎的 NMDAR-CAAR-T 细胞疗法[104]，将进一步推进相关产品的临床转化。

4）通用型/异体 CAR-T

通用型 CAR-T 细胞治疗在提高 CAR-T 细胞的生产效率、提升质量稳定性、降低成本、缩短周期及扩大受益人群范围等方面，展示了巨大的潜力。全球范围内美国 Allogene Therapeutics、美国 Caribou Biosciences、法国 Cellectis、美国 Fate Therapeutics、瑞士 CRISPR Therapeutics、比利时 Celyad Oncology、美国 Gilead/Kite/Sangamo、美国 Poseida Therapeutics 等公司稳步取得进展，目前已有多款产品正进行临床阶段的开发，适应证涵盖了血液肿瘤和实体瘤，其中进展最快的为美国 Allogene Therapeutics 公司的 ALLO-501A，是全球首个进入临床Ⅱ期的同种异体 CAR-T 细胞产品（表 2-6）。

针对血液肿瘤，目前处于临床研究阶段的通用 CAR-T 产品主要以 CD19、BCMA、CD20、CD22、CD7 及 CD123 等为靶点，部分产品已取得临床疗效的初步验证，如美国 Allogene Therapeutics 公司开发的靶向 BCMA 的通用型 CAR-T 产品 ALLO-715 的Ⅰ期临床试验研究结果初步证明了其对多发性骨髓瘤具有良好疗效[105]。同时，在当前自体 CAR-T 细胞治疗尚未取得突破的 T 细胞血液肿瘤方面，通用型 CAR-T 细胞治疗也逐渐取得突破。英国伦敦大学学院和大奥蒙德街儿童医院开发了一种 CD7 靶向的通用现货型 CAR-T 细胞 CAR7，敲除了 T 细胞上的编码 CD52、CD7 以及 TCRαβ 的基因，Ⅰ期临

表 2-6　国际开展临床试验的通用型 CAR-T 细胞治疗产品例举

机构	技术	名称	靶点	适应证	阶段
美国 Allogene Therapeutics 公司	Cellectis 的 TALEN	ALLO-501A	CD19	大 B 细胞淋巴瘤	Ⅱ期
		ALLO-715	BCMA	多发性骨髓瘤	Ⅰ期
		ALLO-605	BCMA	多发性骨髓瘤	Ⅰ/Ⅱ期
		ALLO-316	CD70	肾细胞癌	Ⅰ期
法国 Cellectis 公司	TALEN	UCART22	CD22	B 细胞急性淋巴细胞白血病	Ⅰ/Ⅱa 期
		UCART123	CD123	急性髓系白血病	Ⅰ期
		UCART20x22	CD22	非霍奇金淋巴瘤	Ⅰ/Ⅱa 期
比利时 Celyad Oncology 公司	非基因编辑技术	CYAD-101	NKG2D	结直肠癌	Ⅰ期
瑞士 CRISPR Therapeutics 公司	CRISPR/Cas9	CTX110	CD19	B 细胞恶性肿瘤	Ⅱ期
		CTX112	CD19	CD19 阳性 B 细胞恶性肿瘤	Ⅰ/Ⅱ期
		CTX130	CD70	T 或 B 细胞恶性肿瘤	Ⅰ期
美国 Caribou Biosciences 公司	CRISPR Cas12a chRDNA	CB-010	CD19	B 细胞非霍奇金淋巴瘤	Ⅰ期
		CB-011	BCMA	多发性骨髓瘤	Ⅰ期
		CB-012	CD371	急性髓系白血病	Ⅰ期
美国 Poseida Therapeutics 公司	PiggyBac 转座系统	P-MUC1C-ALLO1	MUC1-C	乳腺癌、卵巢癌、非小细胞肺癌、结直肠癌等实体瘤	Ⅰ期
		P-CD20-ALLO1	CD19 和 CD20	B 细胞恶性肿瘤	Ⅰ期
		P-BCMA -ALLO1	BCMA	多发性骨髓瘤	Ⅰ期
美国 Mustang Bio 公司	慢病毒	MB-106	CD20	非霍奇金淋巴瘤、慢性淋巴细胞白血病	Ⅰ/Ⅱ期
		MB-102	CD123	母细胞性浆细胞样树突状细胞肿瘤、急性髓系白血病和高风险骨髓增生异常综合征	Ⅰ/Ⅱ期
美国 Precision BioSciences 公司	ARCUS 系统	PBCAR19B	CD19	非霍奇金淋巴瘤	Ⅰ期
美国 Beam Therapeutics 公司	碱基编辑	BEAM-201	CD7	T 细胞急性淋巴细胞白血病和 T 淋巴母细胞淋巴瘤	Ⅰ/Ⅱ期

床研究结果显示，该疗法成功治疗了两名复发 T 细胞急性淋巴细胞白血病儿童患者[106]。另外，美国 Beam Therapeutics 公司也针对 CD7 靶点开发了用于 T 细胞急性淋巴细胞白血病的 CAR-T 细胞治疗产品 BEAM- 201，同时敲除了编码 CD7、CD52、TRAC 及 PD-1 的 4 个基因，临床试验申请已获 FDA 批

准。此前，美国 Beam Therapeutics 与美国费城儿童医院合作，在临床前动物模型中证实了靶向 CD7 的四重碱基编辑 CAR-T 细胞疗法 7CAR8 对急性 T 淋巴细胞白血病和其他 CD7 阳性恶性肿瘤的治疗效果[107]。在实体瘤方面，通用型 CAR-T 细胞治疗也取得积极进展。一项 I 期临床试验结果显示美国 Allogene Therapeutics 公司开发的靶向 CD70 的 ALLO-316 在透明细胞肾细胞癌患者中具有积极的反应率和疾病控制率。

2. TCR-T 细胞治疗

2019～2023 年，全球新注册的 101 项 TCR-T 临床试验中，超过 60%处于I 期。目前的大多数 TCR-T 试验主要用于治疗黑色素瘤、宫颈癌、胰腺导管腺癌及胃癌等实体癌，小部分用于治疗血液肿瘤和人类免疫缺陷病毒（human immunodeficiency virus，HIV）、巨细胞病毒（cytomegalovirus，CMV）及 EBV 等感染导致的癌症。国际上从事 TCR-T 细胞治疗的企业主要有英国 Adaptimmune Therapeutics 公司（TCR2 Therapeutics 已与其合并）、美国 TScan Therapeutics 公司、德国 Medigene 公司、荷兰 Neogene Therapeutics 公司（阿斯利康收购）、美国 PACT Pharma 公司等。

1）肿瘤相关抗原

肿瘤抗原可分为肿瘤相关抗原（tumor-associated antigen，TAA）和肿瘤特异性抗原（tumor specific antigen，TSA）。TAA 又可细分为过表达抗原、组织分化抗原（tissue differentiation antigen，TDA）和癌症种系抗原（cancer germline antigen，CGA）。最初大多数 TCR-T 细胞治疗临床集中在 TAA。黑色素瘤分化抗原 MART-1、gp100 是较早开展 TCR-T 细胞治疗临床试验的靶点，虽然针对该靶点的 TCR-T 细胞治疗具有一定的临床效果，但由于分化抗原的非肿瘤靶向毒性带来的安全性问题，因此在过去十年中，已很少有临床试验开展。

纽约食管鳞状细胞癌-1（New York esophageal squamous cell carcinoma 1，NY-ESO-1）、黑色素瘤相关抗原（melanoma associated antigen，MAGE）-A 蛋白家族、黑色素瘤优先表达抗原（preferentially expressed antigen in melanoma，PRAME）等是当前 TCR-T 细胞临床试验的热门 TAA 靶点（表 2-7）。MAGE-A4 是 MAGE-A 蛋白家族的一种，广泛表达于包括滑膜肉瘤、非小细

胞肺癌、头颈部鳞状细胞癌、卵巢癌、尿路上皮癌、黑色素瘤和胃食管癌等多种实体瘤组织。英国 Adaptimmune Therapeutics 公司针对 MAGE-A4 开发了多款 TCR-T 细胞治疗产品，其中进展最快的是 Afami-cel（ADP-A2M4），Ⅰ期临床试验数据证明了 Afami-cel 治疗滑膜肉瘤、卵巢癌和头颈癌具有良好的安全性和显著疗效[108]，基于此数据，该产品成功获美国 FDA 批准，用于治疗晚期 MAGE-A4 阳性的滑膜肉瘤成人患者，成为全球首个获批的 TCR-T 细胞治疗产品。为进一步提升疗效，英国 Adaptimmune Therapeutics 公司还开发了另一款靶向 MAGE-A4 的 TCR-T 产品 ADP-A2M4CD8，与 Afami-cel 相比，ADP-A2M4CD8 还表达 CD8α共受体，通过增加 $CD4^+$辅助 T 细胞的辅助和效应功能，增强抗肿瘤活性，目前正进行Ⅱ期临床试验。PRAME 也是一个极具潜力的抗原靶点，德国 Medigene 公司的Ⅰ期临床数据初步显示，靶向 PRAME 的 TCR-T 细胞治疗产品 MDG1011，具有治疗晚期急性髓系白血病或骨髓增生异常综合征的潜力，这也是德国进行的首项 TCR-T 细胞治疗临床试验。

表 2-7　全球临床阶段靶向 TAA 的 TCR-T 细胞治疗产品例举

机构	名称	靶点	适应证	阶段
英国 Adaptimmune Therapeutics 公司	Afamitresgene autoleucel（ADP-A2M4）	MAGE-A4	滑膜肉瘤（已获批）、头颈部肿瘤和肺癌等多种实体瘤	获批
英国 Adaptimmune Therapeutics 公司	ADP-A2M4CD8	MAGE-A4	非小细胞肺癌、食管癌	Ⅱ/Ⅲ期
英国 Adaptimmune Therapeutics 公司/英国葛兰素史克公司	letetresgene autoleucel	NY-ESO-1	多发性骨髓瘤、卵巢癌、滑膜肉瘤	Ⅱ期
英国 Adaptimmune Therapeutics 公司（TCR2 Therapeutics）	TC-210	MSLN	胆管癌	Ⅰ/Ⅱ期
美国 TScan Therapeutics 公司	TSC-204-A0201 & TSC-204-C0702	MAGE-A1	头颈部肿瘤、宫颈癌、非小细胞肺癌、黑色素瘤、卵巢癌、肛门癌、HPV 相关多种肿瘤	Ⅰ期
德国 Medigene 公司	MDG1011	PRAME	骨髓瘤和淋巴瘤	Ⅰ期
美国 TScan Therapeutics 公司	TSC-101	HA-21	急性髓系白血病、急性淋巴细胞白血病、骨髓增生异常综合征	Ⅰ期
美国 TScan Therapeutics 公司	TSC-100	HA-11	急性髓系白血病、骨髓增生异常综合征、急性淋巴细胞白血病	Ⅰ期

2）肿瘤特异性抗原

近年来，二代测序技术的进步推动了 TSA 的研究。TSA 可分为肿瘤病毒抗原和肿瘤细胞中一些特异性突变产生的新抗原，与 TAA 相比，其仅存在于癌细胞中，因此不会造成靶向肿瘤外毒性风险。

HPV 和 HBV 等病毒相关抗原是当前 TCR-T 细胞治疗的热门肿瘤抗原靶标，全球目前已开展了多项临床研究（表 2-8）。2021 年，美国国立卫生研究院（National Institutes of Health，NIH）在一项 I 期研究中使用靶向 HPV-16 E7 蛋白的 TCR-T 细胞治疗转移性 HPV 相关上皮癌，获得了积极的治疗效果，其亲和力、转导效率、抗肿瘤作用均优于 E6 TCR-T 细胞产品[109]。另外，新加坡来恩生物和星汉德生物分别开发的两款针对乙肝表面抗原（hepatitis B surface antigen，HBsAg）的 TCR-T 细胞治疗产品均已获得了 FDA 的批准，其中来恩生物的 LioCyx-M004 是全球首个开展治疗 HBV 相关肝细胞癌的临床研究的 TCR-T 细胞治疗产品。

表 2-8 国际开展临床试验的靶向肿瘤特异抗原的 TCR-T 细胞治疗产品

机构	名称	靶点	适应证	阶段
新加坡 Biosyngen（百吉生物）公司	BRL03	—	肺癌、胃癌等晚期实体瘤	Ⅰ/Ⅱ期
英国 Adaptimmune Therapeutics 公司	ADP-A2AFP	AFP1	肝癌	Ⅰ期
荷兰 Neogene Therapeutics 公司（英国阿斯利康子公司）	NT-175	TP53 R175H 突变	非小细胞肺癌等实体瘤 HLA-A*02：01	Ⅰ期
美国 TScan Therapeutics 公司	TSC-200-A0201	HPV-16	头颈部肿瘤、宫颈癌、肛门癌、非小细胞肺癌、黑色素瘤、卵巢癌、HPV 相关癌症	Ⅰ期
新加坡星汉德生物公司	SCG101	HBsAg	HBsAg HBV 相关的肝细胞癌	Ⅰ期
新加坡来恩生物公司	LioCyx-M004	HBsAg	HBV 相关的肝细胞癌	IND 获批

来自癌症驱动突变基因（如 *TP53*、*KRAS* 或 *PIK3CA*）的公共新抗原的 TCR-T 细胞治疗已取得重要临床试验结果。美国 NIH 针对 ERBB2IP 点突变开发了新抗原反应性免疫细胞，使一名晚期难治性胆管癌患者生存时间显著延长。美国普罗维登斯癌症研究所等机构利用靶向 KRAS G12D 的 TCR-T 细胞治疗成功使一位胰腺癌患者缓解了长达 6 个月，且疗效还在继续[110]。针对 TP53、AFP 及 KRAS 突变等潜在靶点的多个产品也已步入临床阶段（表 2-8）。与此同时，由于肿瘤基因突变的随机性，公共新抗原数量较少，因此研究人员开始个体化 TCR-T 细胞治疗的开发。美国 PACT Pharma 等机构发表了一

项 I 期临床研究，证明了对每个患者进行新抗原特异性 TCR 识别，使用 CRISPR 基因编辑创建个体化 TCR-T 细胞的可行性[111]。

3. TIL 细胞治疗

美国 NIH 的 Rosenberg 是 TIL 细胞治疗的开创者，1982 年，该团队首次从多种小鼠肿瘤模型中分离出肿瘤浸润淋巴细胞 TIL，1986 年在结肠腺癌小鼠模型中证明了 TIL 的抗肿瘤效果，为 TIL 治疗晚期恶性肿瘤的临床应用奠定了基础。1988 年，该机构开启 TIL 细胞治疗的首次临床试验，在治疗转移性黑色素瘤患者中实现了 60%的客观缓解率[112]。此后，美国 NIH 等机构先后在黑色素瘤、结直肠癌、乳腺癌、非小细胞肺癌及头颈癌等治疗中取得一系列 TIL 治疗的成功应用。2012 年，一名肝内胆管癌晚期患者接受可特异性识别肿瘤相关突变的 TIL 细胞治疗后首次实现完全缓解[113]，至今生存已超 10 年。2016 年，美国 NIH 的一项研究显示，晚期的结直肠癌患者在接受靶向 KRAS 突变的 TIL 细胞治疗后显示全部肺部转移病灶消退[114]。2018 年，美国 NIH 利用针对 4 种特定突变的 TIL 免疫细胞治疗首次成功实现了晚期乳腺癌的长期持久消退[115]。近年来，美国莫菲特癌症中心研究所等机构的研究表明 TIL 细胞治疗联合 PD-1 对 PD-1 耐药后晚期非小细胞肺癌患者具有优异的临床疗效[116]。

TIL 细胞治疗的安全性和有效性已得到有效临床试验证明，目前正步入快速发展阶段。2019～2023 年登记的 TIL 细胞治疗临床试验共有 103 项，主要用于黑色素瘤、肝细胞癌、肺腺癌、非小细胞肺癌、宫颈癌、卵巢癌及乳腺癌等多种实体瘤的治疗。从研发阶段来看，多数仍处于临床 I 期，全球进展最快的为美国 Iovance Biotherapeutics 公司的 Lifileucel（LN-144），于 2024 年已成功获美国 FDA 批准上市，成为全球首个上市的 TIL 细胞治疗产品。此外，Lifileucel 针对宫颈癌的临床试验也正在积极展开中。

与此同时，通过多种手段包括基因修饰等以进一步提升细胞的抗原特异性、持久性和抗肿瘤效果的多款 TIL 细胞治疗产品目前已进入临床阶段（表 2-9）。在提升特异性方面，英国 Achilles Therapeutic 公司开发了一种克隆性新抗原反应性 T 细胞（clonal neoantigen-reactive T cell，cNeT）ATL001，可特异性靶向识别患者独有的新抗原，已进入临床开发阶段。在经基因修饰的下一代 TIL 产品中，美国 Iovance Biotherapeutics 公司的 IOV-4001 是首款获得 IND 许可的基因改造 TIL 治疗产品，该产品通过敲除 TIL 细胞的 *PD-1* 来增强肿瘤杀伤力，目前正处于Ⅱ期临床试验阶段，用于治疗非小细胞肺癌或晚期黑色素瘤。获得美国 FDA 临床许可的还有 ITIL-306、OBX-115 和 LYL845 等，这些均采用不同的策略来改进 TIL 细胞。其中美国 Instil Bio 开发的 ITIL-306 是首个基因工程共刺激抗原受体（costimulatory antigen receptor，CoStAR）-TIL 细胞治疗产品。美国 MD 安德森癌症医学中心和 Obsidian Therapeutics 公司开发的 OBX-115 通过表达 IL-15，从而在治疗过程中免除了 IL-2 的使用。美国 Lyell Immunopharma 的 LYL845 通过表观遗传重编程（epigenetic reprogramming，Epi-R）技术增强细胞干性，维持 TCR 克隆组成。

表 2-9　国际开展临床试验的 TIL 细胞治疗产品例举

机构	名称	适应证	阶段
美国 Iovance Biotherapeutics 公司	Lifileucel（LN-144）	黑色素瘤	获批
美国 Iovance Biotherapeutics 公司	Lifileucel	宫颈癌	Ⅲ期
美国 Iovance Biotherapeutics 公司	LN-145	非小细胞肺癌、头颈部鳞状细胞癌	Ⅱ期
美国 Iovance Biotherapeutics 公司	IOV-2001	慢性淋巴细胞白血病或小淋巴细胞淋巴瘤	Ⅱ期
美国 Iovance Biotherapeutics 公司	IOV-4001	黑色素瘤	Ⅰ/Ⅱ期
英国 Achilles Therapeutic 公司	ATL001	非小细胞肺癌	Ⅰ/Ⅱ期
美国 Intima Bioscience 公司	CISH Inactivated TIL	非小细胞肺癌、胃肠道癌症	Ⅰ/Ⅱ期
美国 Instil Bio 公司	ITIL-306	非小细胞肺癌、卵巢癌、细胞肺癌	Ⅰ期
美国 Obsidian Therapeutics 公司	OBX-115	黑色素瘤	Ⅰ期
美国 Lyell Immunopharma 公司	LYL845	黑色素瘤	Ⅰ期
加拿大 Turnstone Biologics 公司	TIDAL-01	乳腺癌、结直肠癌、葡萄膜黑色素瘤、皮肤黑色素瘤、非皮肤黑色素瘤	Ⅰ期
美国 AgonOx 公司	AGX-148	HNSCC、黑色素瘤、妇科癌症、结直肠癌、肺癌、泌尿生殖系统癌	Ⅰ期

4. CAR-NK 细胞治疗

2019～2023 年，全球共有 54 项 CAR-NK 细胞治疗临床试验登记开展，从适应证来看，多数用于治疗血液肿瘤。国际上当前从事 CAR-NK 细胞治疗产品开发并进入临床阶段的公司包括，以 NK-92 细胞系为 NK 细胞来源的美国 ImmunityBio，以异体外周血或脐带血为来源的 Celularity、Nkarta、Artiva，以及以 iPSC 衍生 CAR-NK 细胞为主的美国 Fate Therapeutics、Century Therapeutics 等公司。从进度上看，以 NK-92 和异体脐带血来源的 CAR-NK 细胞产品进展较快，最快已至Ⅱ期临床，iPSC 衍生的 CAR-NK 细胞产品正处于临床Ⅰ期开发阶段。

CD19 靶点的有效性和安全性已在 CAR-T 产品中得到了广泛验证，目前进入临床阶段用于血液肿瘤的 CAR-NK 细胞治疗产品也多以 CD19 为靶点进行开发（表 2-10）。其中，最快的是武田制药和美国得克萨斯大学合作开发的脐带血来源的 CAR-NK 细胞治疗产品 TAK-007，目前已进入关键性临床Ⅱ期研究。早在 2020 年，美国得克萨斯大学等机构的数据就显示，脐带血来源的 CD19 CAR-NK 细胞可安全有效地用于治疗非霍奇金淋巴瘤和慢性淋巴细胞白血病患者，这是美国首个 CAR-NK 细胞临床试验结果。研究人员通过引入诱导型 caspase 9 酶基因为疗法添加安全开关，还对其改造使其表达 IL-15 以改善体内扩增和存活[117]。美国 Nkarta Therapeutics 公司对来自外周血的 NK 细胞改造开发的 CD19 靶向的 NKX019，也通过表达 IL-15 增加 CAR-NK 细胞的持久性，公布的早期临床试验显示该疗法具有良好的安全性和有效性。除 CD19 外，还有以 BCMA、NKG2D 为靶点的 CAR-NK 产品也正进行临床开发。

表 2-10 国际开展临床试验的血液肿瘤 CAR-NK 细胞治疗产品例举

机构	细胞来源	名称	靶点	适应证	阶段
日本武田制药公司	脐带血	TAK-007	CD19	复发或难治性 B 细胞非霍奇金淋巴瘤	Ⅱ期
美国 Nkarta Therapeutics 公司	同种异体外周血	NKX019	CD19	复发或难治性非霍奇金淋巴瘤、慢性淋巴细胞白血病或 B 细胞急性淋巴细胞白血病	Ⅰ期
美国 Nkarta Therapeutics 公司	同种异体外周血	NKX101	NKG2D	急性髓系白血病或骨髓增生异常综合征	Ⅰ期
美国 Fate Therapeutics 公司	iPSC	FT576	BCMA	多发性骨髓瘤	Ⅰ期
美国 Fate Therapeutics 公司	iPSC	FT522	CD19	B 细胞淋巴瘤	Ⅰ期
美国 Century Therapeutics 公司	iPSC	CNTY-101	CD19	B 细胞淋巴瘤	Ⅰ期

目前 CAR-NK 细胞治疗已针对卵巢癌、肝细胞癌、肾细胞癌、胰腺癌和结直肠癌等疾病开展了一定的临床研究，但整体数量仍然有限，且靶点较为

分散，包括了 PD-L1、HER2、MSLN 等常见靶点（表 2-11）。从进展上看，美国 ImmunityBio 公司（现 Nantkwest 已与其合并）的 PD-L1 t-haNK 发展较快，目前已处于临床Ⅱ期，用于治疗食管癌、头颈部鳞状细胞癌和三阴性乳腺癌，该产品来源于 NK-92 细胞系，不仅靶向 PD-L1，还通过工程化表达 CD16 受体的高亲和力变体（V158 FcγRIIIa）来介导 ADCC 效应，增强抗肿瘤作用。美国 Artiva Biotherapeutics 公司以 HER2 为靶点开发了异体脐带血来源的 CAR-NK 细胞产品 AB-201，同时还表达 IL-15 和高表达 CD16，提高细胞持久性和进一步增强抗肿瘤效果，目前正处于临床Ⅰ期阶段。随着更多产品开始进行临床研究，更多临床研究结果的发布，CAR-NK 细胞在实体瘤领域的安全性和持久反应将得到进一步的证明。

表 2-11　国际开展临床试验的实体瘤 CAR-NK 细胞治疗产品例举

机构	名称	细胞来源	靶点	适应证	阶段
美国 ImmunityBio 公司	PD-L1 t-haNK	NK-92 细胞系	PD-L1	食管癌、头颈部鳞状细胞癌和三阴性乳腺癌	Ⅱ期
美国 Artiva Biotherapeutics 公司	AB-201	脐带血	HER2	HER2 阳性实体瘤	Ⅰ期

在 CAR-NK 细胞治疗肿瘤稳步取得进展的同时，研究人员也将自身免疫性疾病纳入 CAR-NK 细胞产品的开发范围。与 CAR-T 相比，CAR-NK 细胞具有更好的安全性，且 NK 细胞代谢周期短，避免了自体 CAR-T 诱发的 T 细胞恶性肿瘤风险，因此在治疗自身免疫性疾病方面将更具优势。目前，美国 Century Therapeutics 公司的 CNTY-101 和美国 Nkarta Therapeutics 公司的 NKX019 正分别针对系统性红斑狼疮和狼疮性肾炎开展Ⅰ期临床试验。

（二）中国发展现状

1. CAR-T 细胞治疗

在所有细胞治疗中，我国在 CAR-T 领域发展最快，目前已有 6 款产品成功在中国及美国等上市。2019～2023 年，我国已注册开展了近 800 项 CAR-T 细胞治疗临床试验，大多数（约 80%）处于临床Ⅰ期。

1）血液肿瘤

与国际一致，CAR-T 治疗血液肿瘤也是我国发展最快的方向，除 2021 年 6 月我国首款上市的复星凯特的奕凯达（阿基仑赛注射液）之外，还有 5 款成功在我国上市的 CAR-T 产品也均用于治疗血液肿瘤，包括药明巨诺的瑞基奥仑赛注射液、信达生物与驯鹿生物的伊基奥仑赛注射液、合源生物的纳基奥仑赛注射液及科济药业的泽沃基奥仑赛注射液，以及在中国和美国等多地成功获批上市的由传奇生物开发的西达基奥仑赛注射液（cilta-cel）。此外，恒润达生生物的润达基奥仑赛注射液已处于国内上市审评阶段，也用于血液肿瘤的治疗。

对这些产品进行深入分析可以看到，当前产品主要用于 B 系血液肿瘤，这也与国际的整体趋势一致，而在国际上尚未攻克的 T 系血液肿瘤领域，我国取得了领先的进展。浙江大学和北恒生物联合安全有效地完成了全球首个靶向 CD7 同种异体 CAR-T 细胞治疗 T 系血液肿瘤患者的 I 期临床试验[118]。北京高博博仁医院等利用供体来源的 CD7 CAR-T 细胞治疗 T 系血液肿瘤在 I 期临床中不仅取得了初步的安全疗效[119]，在两年的长期随访中也显现出了长期的临床获益[120]。河北森朗生物通过无需基因编辑的自然选择方法开发了一种可抗自相残杀的 CD7 CAR-T 细胞治疗产品 NS7CAR，2022 年发表的 I 期临床研究结果显示该疗法可安全有效地治疗急性 T 淋巴细胞白血病和 T 淋巴母细胞淋巴瘤，进一步证明了 CD7 靶点的有效性[121]。

采用序贯疗法、联合疗法或开发双靶点或多靶点 CAR-T 细胞是应对抗原逃逸丢失等导致的血液肿瘤复发的一个有效手段，国内研究人员也已围绕 CD19、CD20、CD22 及 BCMA 等靶点开展了多项研究，其中部分有效性已得到了初步临床证实。例如，北京高博博仁医院和中国医学科学院血液病医院等建立的 CD19 CAR-T 和 CD22 CAR-T 细胞序贯疗法已在 I 期[122]和 II 期[123]临床试验中成功证明可有效降低儿童急性 B 淋巴细胞白血病复发率。上海交通大学还成功探索了 CD19 CAR-T 和 CD22 CAR-T 的联合治疗方案[124]。在双靶点 CAR-T 细胞方面，中国人民解放军总医院等在 2020 年发布的一项临床试验已初步证明了 CD19/CD22 双特异性 CAR-T 治疗急性 B 淋巴细胞白血病的安全性和有效性[125]。2022 年，武汉思安医疗在第 64 届美国血液学会（American Society of Hematology，ASH）年会上公布的双靶点 CS1-BCMA

CAR-T 细胞治疗产品的 I 期临床数据，显示客观缓解率达 81%。除双靶点外，还有传奇生物针对 CD19/CD20/CD22 开发的三靶点 CAR-T 产品 LCAR-AIO。从产品开发上看，自 2021 年国内首个双靶点 CAR-T 产品进入注册临床阶段以来，国内上海恒润达生、北恒生物、驯鹿生物、亘喜生物（2023 年 12 月被阿斯利康收购）、西比曼、合源生物等公司已相继有产品在国内或国内外获批快速步入注册性临床试验阶段（表 2-12）。

表 2-12　国内开展临床试验的双靶点 CAR-T 细胞治疗产品例举

机构	名称	靶点	适应证	阶段
亘喜生物	GC-012F	BCMA/CD19	B 细胞非霍奇金淋巴瘤	II 期
驯鹿生物	CT-120	CD19/ CD22	B 细胞非霍奇金淋巴瘤	I /II 期
合源生物	HY004	CD19/ CD22	急性淋巴细胞白血病	I /II 期
西比曼	C-CAR039	CD19/CD20	B 细胞非霍奇金淋巴瘤	I b 期
恒润达生	抗人 CD19-CD22 T 细胞注射液	CD19/CD22	B 细胞急性淋巴细胞白血病	I 期
重庆精准生物	C-4-29	BCMA/CD70	多发性骨髓瘤	I 期
华夏英泰	YTS101	CD19/CD20	淋巴瘤	I 期
北恒生物	CTA101	CD19/CD22	急性淋巴细胞白血病	IND 获批
传奇生物	LCAR-AIO	CD19/CD20/CD22	B 细胞淋巴瘤	IIT
武汉思安医疗	CS1-BCMA CAR-T	CS1-BCMA	多发性骨髓瘤	IIT

2）实体瘤

我国在 CAR-T 细胞治疗实体瘤方面，围绕 GPC3、CLDN18.2、MSLN、PD-1、GD2 及 MUC1、NKG2DL、DLL3 及 B7-H3 等靶点已有多款产品步入临床开发阶段（表 2-13），且其中一些产品走在全球前列，并获得国际认可。

科济药业的 CT011 是我国首个获得 IND 许可，且是全球范围内率先以 GPC3 为靶点的实体瘤 CAR-T 细胞产品，2022 年发布的一项研究报告了一名晚期肝细胞癌患者在接受 CT011 与索拉非尼联合治疗后获得了完全缓解和长期生存[126]，2023 年科济药业的另一项研究显示两例肝细胞癌晚期患者在接受靶向 GPC3 的 CAR-T 细胞治疗后实现了 7 年以上的无病生存[127]，以 GPC3 为靶点免疫细胞治疗肝细胞癌的可行性已得到了有效验证。从进展上看，科济药业针对 CLDN18.2 靶点开发的 CT041 是全球首个获批进入确证性 II 期临床试验阶段的实体瘤 CAR-T 细胞治疗产品，目前正在中国、美国、加拿大开展临床试验，初期临床试验已证实针对胃癌治疗的安全性和有效性[128]。2023

表 2-13　国内开展临床试验的实体瘤 CAR-T 细胞治疗产品例举

机构	名称	靶点	适应证	阶段
科济药业	CT041	CLDN18.2	胃癌、胰腺癌等	Ⅱ期
优瑞科生物	ET140203	AFP	肝细胞癌	Ⅰ/Ⅱ期
优瑞科生物	ECT204	GPC3	肝细胞癌	Ⅰ/Ⅱ期
原启生物	Ori-C101	GPC3	肝细胞癌	Ⅰb/Ⅱ期
上海细胞治疗	BZD1901	MSLN	间皮素阳性晚期实体肿瘤	Ⅰ/Ⅱ期
科济药业	CT011	GPC3	肝细胞癌	Ⅰ期
茂行生物	AMT-253	MUC18	晚期恶性实体瘤、黑色素瘤	Ⅰ期
西比曼生物	C-CAR031	GPC3	肝细胞癌	Ⅰ期
斯丹赛生物	GCC19CART	GCC	结直肠癌	Ⅰ期
药明巨诺	JWATM214	GPC3	肝癌	Ⅰ期
艺妙神州	IM83	GPC3	肝癌	Ⅰ期
优替济生	UCMYM802	MSLN	MSLN 阳性晚期实体肿瘤	Ⅰ期
博生吉医药	TAA06	B7-H3	实体瘤	Ⅰ期
拓新天成	TX103 CAR-T	B7-H3	脑胶质瘤	Ⅰ期
波睿达生物	BRD-03	CD99	骨或软组织肉瘤	IND 获批
凯地医疗	KD-025	NKG2DL	NKG2DL 阳性实体瘤	IND 获批
恒润达生	HR010	CD70	肾癌	IND 获批
蓝盾生物	LD013	MSLN	卵巢癌	IND 获批
信达生物	IBI345	Claudin18.2	胃癌和胰腺癌	IIT
先康达生命	XKDCT086	CLDN18.2	胃癌、食管癌、胃食管交界癌等	IIT

年 9 月，一项新研究报告还显示了 CT041 对胰腺癌的治疗潜力[129]。该产品在 2020～2022 年先后获得欧洲药品管理局（European Medicines Agency，EMA）授予的孤儿药产品认定和优先药品（priority medicines，PRIME）资格，及美国 FDA 授予的再生医学先进疗法（regenerative medicine advanced therapies，RMAT）和孤儿药认定。与此同时，鉴于 CT041 已成功证实 Claudin18.2 靶点的有效性，国内针对该靶点又进一步开发了数款产品，并进行 IIT，包括信达生物的 IBI345 和先康达生命的自分泌 PD-1 抗体的 XKDCT086。其中，IBI345 是信达生物基于罗氏专利技术开发的第一个通用“模块化”CAR-T 细胞产品，具有差异化的作用机制，通过抗体和细胞双重作用增加抗肿瘤疗效、通过抗体调节细胞活性从而控制毒副效应，还可以通过结合不同抗体靶向不同抗原从而避免复发。另外，斯丹赛生物以鸟苷酸环化酶 2C（guanylyl cyclase 2C，GCC）为靶点开发的 GCC19CART 是首个在

结直肠癌领域取得重大临床进展的 CAR-T 产品，该产品还获得美国 FDA 的快速通道资格，目前正在美国开展 I 期临床试验。

此外，我国在探索其他新靶点及通过差异化设计来治疗实体瘤方面也逐步取得进展，如博生吉医药开发用于治疗神经母细胞瘤的 TAA06，是全球首个针对 B7-H3 靶点进入注册性临床阶段的 CAR-T 细胞产品，已完成了首例患者给药，该产品还获得了美国 FDA 的孤儿药和用于罕见儿科疾病（rare pediatric disease，RPD）药物的资格认定。上海细胞治疗的 BZD1901 是全球首个自分泌 PD1 纳米抗体“武装化”细胞药物，也已获得美国 FDA 孤儿药资格认定。

3）自身免疫性疾病、衰老和心衰相关疾病

随着国际上不断有研究显示系统性红斑狼疮等自身免疫性疾病患者可显著受益于 CAR-T 细胞治疗，国内近来在该方面也正加速布局，驯鹿生物、药明巨诺、邦耀生物均已将产品快速推进至临床开发阶段（表 2-14），且部分已取得积极临床结果。2023 年 1 月，驯鹿生物公布的 I 期研究中期结果，初步证明了靶向 BCMA 的 CAR-T 细胞治疗产品 CT103A（伊基奥仑赛注射液）在视神经脊髓炎谱系疾病（neuromyelitis optica spectrum disorders，NMOSD）中的良好耐受性和安全性、持久的致病性抗体清除作用以及潜在的临床疗效，这是全球首个用于该疾病的 CAR-T 细胞治疗临床试验[130]。另一项研究还初步展现了 CT103A 在治疗免疫介导坏死性肌病（immune mediated necrotizing myopathy，IMNM）中良好的安全性和持久的治疗效果[131]，这也是全球首次将 BCMA CAR-T 细胞应用于 IMNM 治疗。此外，越来越多的临床前证据表明 CAR-T 细胞治疗在治疗衰老[132]和心衰等相关疾病方面也具有广阔的前

表 2-14　国内开展临床试验的自身免疫性疾病 CAR-T 细胞治疗产品例举

机构	名称	靶点	适应证	阶段
亘喜生物	GC012F	CD19/BCMA	系统性红斑狼疮	I/II 期
驯鹿生物	CT103A（伊基奥仑赛注射液）	BCMA	视神经脊髓炎谱系疾病/重症肌无力	I 期
驯鹿生物	IASO-782	CD19	自身免疫性血小板减少症和温抗体型自身免疫性溶血性贫血	I 期
药明巨诺	瑞基奥仑赛注射液（relma-cel）	CD19	系统性红斑狼疮	I 期
邦耀生物	BRL-301A（通用型）	CD19	系统性红斑狼疮	IND 获批

景，目前相关疗法基本都处于临床前研究阶段。

4）通用型 CAR-T

通用型 CAR-T 细胞治疗在提高生产效率、提升质量稳定性、降低成本、缩短周期及扩大受益人群范围等方面，具有巨大的潜力。我国在该方面紧跟国际发展前沿，自 2022 年 3 月以来，国家药监局已经批准了来自北恒生物、亘喜生物及邦耀生物的 3 款通用型 CAR-T 细胞治疗产品开展临床研究，最快的已至临床Ⅱ期。此外，还有多款产品正进行 IIT（表 2-15）。从适应证来看，这些产品涵盖了血液肿瘤和实体瘤，并不断稳步取得研究进展。例如，北恒生物开发的 CTA101 在 IIT 中显示可安全有效治疗复发/难治 B 细胞急性淋巴细胞白血病[133]。北恒生物和浙江大学联合完成了全球首个靶向 CD7 的同种异体 CAR-T 细胞治疗产品Ⅰ期临床试验，显示对 CD7 阳性 T 系血液肿瘤具有显著的疗效和优越的安全性[118]。在 2023 年美国临床肿瘤学会（American Society of Clinical Oncology，ASCO）会议上，茂行生物靶向 B7-H3 开发的 MT027 针对胶质瘤患者显示出良好的安全性和有效性，2023 年 2 月 MT027 还被美国 FDA 授予孤儿药资格。

表 2-15　国内开展临床试验的通用型 CAR-T 细胞治疗产品例举

机构	名称	靶点	适应证	阶段
亘喜生物	GC007g	CD19	急性 B 淋巴细胞白血病	Ⅰ/Ⅱ期
北恒生物	CTA101	CD19/CD22	B 细胞急性淋巴细胞白血病	IND 获批
邦耀生物	BRL-301	CD19	B 细胞恶性肿瘤	IND 获批
亘喜生物	GC502	CD19/CD7	急性 B 淋巴细胞白血病	IIT
北恒生物	CTA301	CD19/CD22	急性淋巴细胞白血病/非霍奇金淋巴瘤	IIT
北恒生物	RD13-01	CD7	T 系血液肿瘤	IIT
茂行生物	MT026	IL13Rα2	晚期脑胶质瘤	IIT
茂行生物	MT027	B7-H3	晚期脑胶质瘤	IIT

2. TCR-T 细胞治疗

全球目前有 1 款 TCR-T 细胞治疗产品上市，我国目前尚无相关产品获批上市。从临床研究来看，2019～2023 年，中国新开展的临床试验数量已超过美国，部分产品进展紧跟全球水平。国内从事 TCR-T 细胞治疗产品开发的机构主要有香雪生命科学、因诺免疫、恒瑞源正、天科雅、可瑞生物、优瑞科生物、宾德生物等。

从靶点来看，TAA 中的 NY-ESO-1、HBsAg 和 HPV 等病毒相关新抗原是我国当前 TCR-T 细胞临床试验的热门靶点（表 2-16、表 2-17）。另外，国内也正在开展一些以来自癌症频繁突变驱动基因（如 *TP53*、*KRAS* 或 *PIK3CA*）的公共新抗原为靶点的 TCR-T 细胞治疗临床试验。从适应证来看，涵盖了肉瘤、肺癌等多种实体瘤，也包括 HPV、HBV 等感染导致的癌症。

表 2-16 国内开展临床试验的靶向 TAA 的 TCR-T 细胞治疗产品例举

机构	名称	靶点	适应证	阶段
香雪生命科学	TAEST16001	NY-ESO-1	软组织肉瘤	II 期
天科雅	TC-N201	NY-ESO-1	滑膜肉瘤、肺癌等	I 期
科士华生物	KSH01	MAGEA4	膀胱癌、实体瘤	IND 获批

表 2-17 国内开展临床试验的靶向肿瘤特异抗原的 TCR-T 细胞治疗产品例举

机构	名称	靶点	适应证	阶段
天科雅	TC-E202	HPV16E6	宫颈癌	I /II 期
香雪生命科学	TEAST1901	AFP	晚期肝癌	I 期
恒瑞源正	HRYZ-T101	HPV18E7	人乳头瘤病毒 18 亚型阳性的实体瘤	I 期
可瑞生物	CRTE7A2-01	HPV16 E7	宫颈癌、头颈部肿瘤及肛门癌	I 期

在 TAA 方面，自 2011 年起，国际上已有多项临床研究表明，靶向 NY-ESO-1 的 TCR-T 细胞可安全有效地用于治疗黑色素瘤和滑膜肉瘤患者。香雪生命科学研发的 NY-ESO-1 靶向的 TAEST16001 是国内首个获得临床试验许可的 TCR-T 细胞治疗产品，2023 年 8 月发布的 I 期临床研究结果，治疗基因型为 HLA-A*02：01 的软组织肉瘤等实体瘤患者具有良好的安全性和耐受性[134]。

在我国，80%～90%的肝细胞癌与 HBV 感染有关，几乎 100%的鼻咽癌细胞均表达 EBV，以及 99%的宫颈癌均与 HPV 感染有关，因此 HBV、EBV、HPV 等病毒相关抗原也是我国 TCR-T 细胞治疗中较为热门也极具前景的治疗靶点（表 2-17）。中国人民解放军总医院[135]、中山大学[136]等分别与新加坡 Lion TCR 公司已在探索性临床研究中证明了靶向 HBV 病毒的 TCR-T 细胞可有效用于治疗 HBV 相关的癌症患者。天科雅开发的分泌 PD-1 抗体的 TCR-T

细胞在人体Ⅰ/Ⅱ期临床试验研究显示，治疗 EBV 阳性鼻咽癌具有良好的耐受性和初步有效性。HPV 病毒的 E6 和 E7 是主要的致癌蛋白，我国目前已有两款针对靶向此类病毒抗原的 TCR-T 产品进入注册性临床试验阶段，分别为天科雅的 TC-E202 和北京可瑞生物的 CRTE7A2-01。其中，天科雅的 TC-E202 是国内批准的首个治疗宫颈癌的 TCR-T 细胞治疗产品，该产品不仅能够有效靶向 HPV16 E6 蛋白并发挥肿瘤杀伤作用，还可通过分泌抗 PD-1 的单链抗体，有效消除肿瘤微环境的抑制。北京可瑞生物的 CRTE7A2-01 靶向 HPV16 E7，临床前研究数据表明其用于治疗 HPV16 阳性晚期宫颈癌、头颈部肿瘤及肛门癌，具有良好的安全性和优异的抗肿瘤活性。此外，还有恒瑞源正的 HRYZ-T101 可用于人乳头瘤病毒 18 亚型阳性实体瘤的治疗。

在突变产生的新抗原方面，我国目前仅有靶向 AFP 的 TCR-T 产品进入临床阶段，为香雪生命开发的 TEAST1901。可瑞生物开发了全球首个靶向 KRAS G12V 突变的 TCR-T 细胞药物 CRTKVA11，但尚处于临床前阶段。与此同时，我国也积极探索个体化 TCR-T 细胞治疗的开发，如我国中山大学等机构的研究人员用来源于患者肿瘤抗原特异性 T（antigen-specific T，Tas）细胞的 TCR 对自体 T 细胞改造，获得的个体化 TCR-T 细胞治疗对患者来源的肿瘤显示出显著的治疗效果[137]，广州泛恩生物正基于此研究进行个体化 TCR-T 细胞的开发。

3. TIL 细胞治疗

2019～2023 年，国内已登记开展 50 余项 TIL 细胞治疗临床试验，但从研究阶段来看，国内的 TIL 细胞治疗产业尚处于起步阶段，整体仍处于临床Ⅰ期和临床Ⅰ/Ⅱ期等早期阶段，如中山大学开展了同步放化疗后 TIL 细胞治疗晚期宫颈癌患者的临床试验，并初步证实其治疗效果[138]。从产品类型上看，已进入临床的 TIL 细胞治疗产品主要为无基因修饰的 TIL 细胞，相应企业通过工艺开发，以实现大规模扩增活力状态良好的淋巴细胞。

在无基因修饰的 TIL 细胞治疗产品开发上，目前苏州沙砾生物、君赛生物、智瓴生物、天科雅生物、劲风生物和西比曼生物均已有产品进入注册性临床开发阶段（表 2-18）。其中，沙砾生物研发的 GT101 是国内首个获批临床的 TIL 细胞治疗药物，君赛生物的 GC101 是全球首款无须清淋、无须 IL-2

注射的 TIL 细胞新药，已在前期探索性临床研究中展现优异的临床疗效。劲风生物和西比曼生物的两款产品已在美国获批开展临床试验。

表 2-18　国内开展临床试验的 TIL 细胞治疗产品例举

机构	名称	适应证	阶段
沙砾生物	GT101	宫颈癌、实体瘤	Ⅱ期
沙砾生物	GT101	黑色素瘤、宫颈癌、肺癌	Ⅰ期
君赛生物	GC101	晚期实体瘤	Ⅰ期
智瓴生物	ZLT-001	宫颈癌	Ⅰ期
天科雅生物/杭州厚生物	HV-101	实体瘤	Ⅰ期
劲风生物	—	—	Ⅰ期
西比曼生物	C-TIL051	非小细胞肺癌	Ⅰ期
苏州蓝马	LM-103	晚期实体瘤	Ⅰ期

注：—为暂无公开信息

经基因工程改造的下一代 TIL 细胞治疗产品目前仍处于临床前开发阶段。沙砾生物的 GT201 已在 IIT 中表现出良好的安全性、稳定的扩增和初步临床疗效。GT201 表达膜结合细胞因子，在体内外均表现出较传统 TIL 更强的增殖能力、肿瘤杀伤、细胞因子释放和更好的存续性，并可以降低对于 IL-2 的依赖性。

4. CAR-NK 细胞治疗

2019～2023 年，中国已开展了 40 余项 CAR-NK 细胞治疗临床研究，约占全球开展数量的 80%，但基本都处于临床Ⅰ期和临床Ⅰ/Ⅱ期，适应证涵盖了血液肿瘤、实体瘤和自身免疫性疾病。在产品开发方面，国内的国健呈诺、先博生物、英百瑞、启函生物等进展较快，已有产品获得国家药监局批准开展临床试验（表 2-19），这些产品主要为外周血来源的 CAR-NK 细胞产品，启函生物的 QN-019a 则来自 iPSC，且是我国首个获得临床许可的 iPSC- CAR-NK 产品。

表 2-19　国内获批进入临床的 CAR-NK 细胞治疗产品例举

机构	细胞来源	名称	靶点	适应证	阶段
先博生物	现货型外周血	SNC103	CD19	B 细胞肿瘤	Ⅰ期
英百瑞	同种异体外周血	IBR733	CD33/CLL1	急性髓系白血病	Ⅰ期
国健呈诺	同种异体外周血	ALF101	MSLN	上皮性卵巢癌	Ⅰ期
英百瑞	同种异体外周血	IBR854	5T4	实体瘤	Ⅰ期
启函生物	iPSC	QN-019a	CD19	B 细胞非霍奇金淋巴瘤	IND 获批

在血液肿瘤领域，疗效和安全性得到了验证的 CD19 是我国目前开展 CAR-NK 细胞治疗临床试验的主要靶点，如已获批开展注册性临床研究的产品，先博生物的 SNC103 和启函生物的 QN-019a，均靶向 CD19，其中 SNC103 在前期 IIT 中显示可使患者实现超过 1 年的完全缓解。除 CD19 靶点外，英百瑞通过将双特异抗体与 NK 细胞复合偶联开发了一款 CD33/CLL1 双靶向的 CAR-NK 产品 IBR733，已在 IIT 中显示可安全有效地治疗急性髓系白血病。此外，重庆精准生物、杭州朔溪、湖南基研生物等也正开展相关的 IIT。

在实体瘤领域，我国已有两款 CAR-NK 细胞治疗产品获批开展临床试验。其中，国健呈诺研发，以 MSLN 为靶点的 ALF101 是国家药监局批准的首例“现货型”异体来源 CAR-NK 产品，用于晚期上皮性卵巢癌的治疗。英百瑞（杭州）生物医药有限公司开发的 IBR854 是国内首个针对实体肿瘤的非基因修饰方法的 CAR-raNK 细胞治疗产品，将靶向肿瘤抗原 5T4 的特异性抗体通过 linker 与同种异体的 NK 细胞进行共价偶联，实现肿瘤细胞靶向。

随着 CAR-T 细胞在系统性红斑狼疮等自身免疫性疾病中不断取得临床成功，我国长海医院近期开展了全球首例靶向 CD19 的 CAR-NK 细胞治疗复发难治性系统性红斑狼疮的临床研究，并已取得了积极的临床效果。产品开发方面，先博生物已率先在国内获得了首个 CAR-NK 产品治疗系统性红斑狼疮的 IND 批件。

三、展望与建议

免疫细胞治疗是当前细胞治疗领域的热点和前沿方向，未来，随着基因编辑技术、合成生物学、非病毒载体技术、组学技术及人工智能的发展和融入，免疫细胞治疗在靶点开发优化、机制研究、CAR 结构和细胞功能的设计改造及精准调控等方面将持续深入开展研发，不断提升免疫细胞治疗的安全性和有效性，并拓展其适应证范围。

我国在免疫细胞治疗的研发方面已经取得了一系列突破性成果，部分已达到国际先进水平，展现出较强的国际竞争力。然而，我国在许多方面还存在一系列不足，建议在基础研究、关键技术与制造、制度优化等方面加强研究和改进。

第一，基础研究方面，我国在原创性靶点的开发、细胞功能机制研究及细胞的设计改造等领域均存在原创性不足的情况，因此未来仍然需要加大力度推动该领域原始创新，针对瓶颈问题开展集中攻关；同时，针对已有热门靶点鼓励研究人员进行免疫细胞治疗产品的差异化设计；此外，mRNA 等新兴治疗技术的不断涌现使得竞争进一步加剧，与新技术融合或拓宽适应证等将有助于应用场景的拓展。从多方面推动基础研究创新将进一步推动我国在该领域实现跨越发展。

第二，CAR-T 等细胞治疗产品定价高昂、产能不足、患者等待时间过长，以及制备成功率不足已经是该领域发展遇到的普遍问题，严重制约了细胞治疗产品的大规模使用，因此，为了抢占市场，我国也应该在这些方向的优化中持续发力，加速发展，具体包括加强免疫细胞产品原材料的自主生产能力，并着力实现关键原材料和设备的国产替代，实现细胞治疗产品稳定、低成本、规模化的生产；在医药企业和 CDMO 企业等扩充病毒载体等关键原材料产能的同时，实现资源的合理配置；开发自动化、封闭式生产设备，建立更加稳健的工艺流程，提高生产的自动化程度，从而降低人工成本，提高产品的制备效率和成功率；探索缩短自体 CAR-T 细胞制备时间的策略，提升制备效率，并推动此类工艺的产业化发展等。

第三，要从根本上改变生产成本和患者可及的状况，鼓励创新，开发通用型现货细胞治疗产品，既方便临床应用，又极大化地平摊成本降低价格。同时，也要鼓励开发具有稳定持久来源的起始细胞如 iPSC，避免反复采集供者细胞来制备产品。

第四，为推动免疫细胞治疗未来更广泛的应用，应制度先行，与企业、医院、商业保险以及国家医保等积极探索更多元化的支付方式，从而为更多患者带来疾病治愈的希望。

第二节 间充质细胞治疗

间充质细胞（mesenchymal stromal/stem cell，MSC）是一类主要来源于

中胚层的细胞，广泛存在于骨髓、脐带、胎盘、脂肪等多种人体组织中。MSC早期被认为是一种具有多向分化能力的成体干细胞，因此在很长一段时间内，对于 MSC 参与组织修复的研究都关注于其分化能力。然而，随着细胞分析和示踪技术的进步，结合已完成的临床试验结果，科研人员逐渐发现 MSC移植后在体内的存活时间有限[139]，并不能有效地通过分化为特定的细胞实现组织的修复，显示其发挥疾病治疗作用可能并非依赖于“干”性，这一观点逐渐获得关注，因此，国际上也有专家认为可以定义 MSC 为医学信号细胞（medical signaling cell）。2014 年，我国科研人员在 *Nature Immunology* 全面总结 MSC 参与机体内组织再生和稳态维持的主要机制是源于其旁分泌和免疫调控等特性[140]。

随着对 MSC“身份”认知的转变，是否将其命名为干细胞引发了学界的争议[141, 142]。针对这一问题，2005 年，国际细胞疗法协会（ISCT）建议使用“多能性间充质细胞”代替间充质干细胞这一名称，缩写继续沿用 MSC[143]；2006 年，ISCT 进一步明确了 MSC 的定义[144]，需要同时满足三个条件：①在标准培养条件下具有塑料黏附性；②表达 CD73、CD90 和 CD105，但缺乏CD11b、CD14、CD34、CD45、CD19 或 CD79α和 HLA-DR 抗原；③在体外能分化为成骨细胞、脂肪细胞和成软骨细胞。然而，这一建议并没有引起广泛关注，间充质干细胞这一术语仍然在基础和临床研究中被广泛使用。2013年和 2015 年，ISCT 发表了两篇共识详细描述了 MSC 的免疫调节特征和如何开展免疫功能测试。2019 年，ISCT 再次发布了一份声明文章[145]，进一步明确了对这一术语规范的立场。文章的通讯作者是来自加拿大多伦多大学的索姆娅维斯瓦纳坦（Sowmya Viswanathan）和苏州大学与中国科学院上海营养与健康研究所的时玉舫教授。声明中提出，在没有明确细胞标记物的情况下，建议从功能的角度对间充质“干细胞”和“基质细胞”进行区分，即除非证据表明其具有自我更新和分化特性，否则不应使用间充质干细胞这一术语。此外，鉴于不同来源的 MSC 存在异质性，声明建议在细胞名称中补充组织来源的信息，如骨髓来源的 MSC（BM-MSC）、脂肪组织来源的 MSC（AD-MSC）和脐带组织来源的 MSC（UC-MSC）等。同时，还提出建立功能测定矩阵，从功能角度证明 MSC 的多重特性，如营养因子的分泌、免疫细胞的调节和促血管生成等功能，从而满足预期治疗模式。

一、基础研究现状

（一）领域总体发展趋势

1. MSC 的功能机制研究

旁分泌机制是 MSC 治疗疾病的重要机制之一，MSC 通过分泌免疫抑制分子、生长因子、趋化因子、补体以及代谢产物等多种因子，发挥抗炎、促血管生成和促进损伤修复等功能，从而在几乎人体各个系统的疾病治疗中都能发挥作用。因此，探索 MSC 的分泌组，同时揭示这些旁分泌因子对机体内免疫细胞的调控作用，以及促进组织再生和修复的机制是该领域的研究重点，在相关领域也取得了大量突破。例如，在抗炎方面，研究人员发现 MSC 能够通过旁分泌机制调控多种免疫细胞的迁移、增殖和活化等生物过程[146]，包括单核细胞、中性粒细胞、树突状细胞、T 细胞和 B 细胞等，如将以效应性 T 细胞为主的炎症环境调节成富含调节性 T 细胞（regulatory T cell，Treg 细胞）的微环境；抑制巨噬细胞的激活，或诱导其分化为另一种 M2 表型等[147]。在抗血管生成方面，科研人员已经发现了 MSC 分泌的多种细胞因子都参与这一功能的发挥，如表皮生长因子（epidermal growth factor，EGF）、血管内皮生长因子（vascular endothelial growth factor，VEGF）、碱性成纤维生长因子（basic fibroblast growth factor，bFGF）、促血管生成素（angiopoietin，Ang）等，这些因子不仅能够促进内皮细胞增殖和迁移，促进血管生成，而且还能够减少内皮细胞凋亡。

然而，由于无论对于哪一种疾病的治疗，都是多种因子协同作用，并发挥不同作用的结果，其调控过程非常复杂。因此，探索 MSC 在体内发挥作用的调控通路既是该领域的重点攻关方向，同时也是关键瓶颈问题。目前，科研人员围绕 MSC 治疗各类疾病的机制都开展了探索，其中以移植物抗宿主病、克罗恩病和膝骨关节炎等疾病的研究相对深入。即便如此，科研人员目前也尚未得到 MSC 治疗这些疾病的完整、明确的机制。

2. MSC 的异质性

异质性是当前 MSC 治疗发展的另一个关键瓶颈。当前研究已经证实，不同组织、不同供体来源的 MSC，其表型、功能和分泌组都存在差异。从组织来源看，有研究认为，来自脐带和羊膜的 MSC 具有更高的免疫调节能力，骨髓 MSC 显示出更好地支持再生过程的潜力，脂肪 MSC 对 DC 具有更强大的调节能力等。不同来源的 MSC 的分泌谱也存在差异，有研究显示，脐带血 MSC 分泌更多支持造血的细胞因子，脐带 MSC 分泌的 G-CSF、GM-CSF、HGF、IL-6、IL-8、IL-11 等细胞因子较高，而骨髓 MSC 分泌 VEGF 的量较高。此外，供体不同的健康水平、年龄、性别、遗传背景都会造成 MSC 特质的差异。因此，探明各类因素对 MSC 特征的影响，以及不同类型 MSC 作用机制的差异也是当前该领域的研究重点[148]。

3. MSC 的体外培养和功能衰退

利用 MSC 进行疾病治疗时，需要使用大量细胞，而 MSC 的异质性使从供体内获得足够数量、具有相同特征的细胞变得很困难，所以需要在体外对 MSC 进行传代培养。然而，复制性衰老问题是阻碍这一方案的重要瓶颈，MSC 在经历了 10 代以上的体外培养后，逐渐出现细胞停止分裂，形态、表型和遗传特性变化[149, 150]，并出现功能衰退现象。因此，深入探索 MSC 衰老的机制，并研究 MSC 衰老的干预策略也成为该领域重点关注的研究方向。对此，科研人员已经发现 MSC 的衰老与 DNA 损伤[151]、端粒缩短[149]、线粒体功能障碍[152]和自噬失衡[153]等因素相关，同时也探索出通过调控微环境中的氧气水平、葡萄糖水平，3D 培养、光调节[154]等方法来解决这一问题。

（二）中国发展现状

MSC 一直是我国重点支持发展的领域，在 2022 年“干细胞研究与器官修复”重点专项的申报指南中，进一步专门设置了针对 MSC 的研究主题，即探索 MSC 在骨骼、肌肉、肝脏、性腺等组织器官稳态维持中的作用。在政策的推动下，我国在 MSC 领域的科研水平一直位居国际领先行列。从科研产出情况来看，截至 2024 年，我国共发表 MSC 相关论文超过 30 000 篇，这一数量已经超过美国，位居全球首位。从整体发展趋势来看，“十二五”以来，我国 MSC 领域的论文产出数量逐年快速增长，至 2024 年，年度论文产出数量已经达到 3000 余篇（图 2-1）。

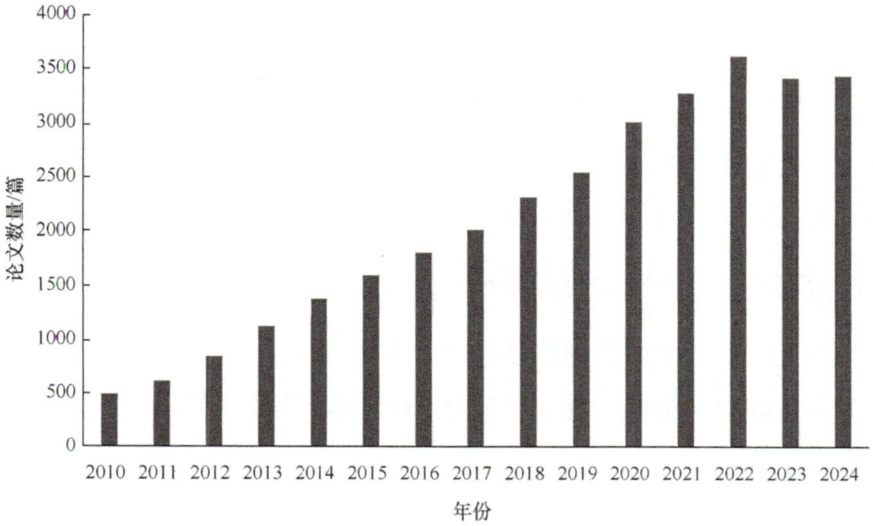

图 2-1　我国 MSC 领域论文数量的年度变化

1. MSC 功能机制研究

我国在 MSC 相关功能机制和异质性及衰老等瓶颈问题方面都开展了全面研究和攻关，在部分领域，还产出了国际领先的成果。

在 MSC 的免疫调控机制方面，我国是相关理论的开创者，也是研究的引领者。苏州大学、中国科学院等机构发现了 MSC 可以抑制免疫细胞过度活化，揭示 MSC 免疫调节功能依赖炎症状态的双向作用机制，提出“干细胞免疫调节可塑性”理论，开辟了 MSC 免疫研究的新方向，提出了炎症调控 MSC 赋能组织再生修复的治疗新模式[140]，为 MSC 临床应用提供了科学理论依据和推广应用的实践范例。

在 MSC 的内稳态调控、减缓 MSC 衰老方面，我国创新性地发现了一系列新的调控通路，为延缓和干预衰老相关疾病提供了潜在靶标。例如，中山大学率先阐明了中间丝蛋白 Nestin 在调控 MSC 内环境稳态中发挥的关键作用，不仅能够调控核膜稳态，延缓 MSC 衰老，而且还能通过维持氧化还原系统稳态来促进 MSC 存活，同时进一步揭示了 $Nestin^{+}$ MSC 在组织损伤修复中的关键角色[155]，为获得适合损伤修复的 MSC 功能亚群提供了新策略。中国科学院动物研究所则首次揭示 SIRT3 通过与细胞核纤层和异染色质蛋白相互作用从而维持异染色质的稳定性并调控人 MSC 衰老的新作用机制[156]。

围绕 MSC 的异质性问题，我国科研人员也开展了大量研究。例如，陆军军医大学绘制了 11 名供体来源的 130 000 个人骨髓 MSC 的单细胞转录图谱，鉴定出 7 个组织特异性 MSC 亚群和 5 个保守的 MSC 亚群，并证实细胞外基质是 MSC 异质性的重要来源[148]。南京大学医学院附属鼓楼医院对人脐带来源的 MSC（UC-MSC）进行了单细胞转录组测序并鉴定出 3 个新的细胞亚群[157]。

2. MSC 疾病治疗机制研究

我国在 MSC 治疗移植物抗宿主病、骨关节炎、炎症性肠病、系统性红斑狼疮、多发性硬化、肺纤维化、肝硬化和肝衰竭等多种疾病的治疗中也开展了大量探索，在国际上率先揭示了一系列 MSC 治疗疾病的特异性靶点和作用机制，实现相关技术的原创突破。例如，证实了 MSC 治疗慢性移植物抗宿主病安全有效，并在国际上首次揭示了调节性 B 细胞是 MSC 治疗移植物抗宿主病的关键靶点。2019 年，南京大学医学院附属鼓楼医院的研究人员攻克了异体 MSC 治疗难治性系统性红斑狼疮的世界难题，研究成果在自身免疫病治疗中具有里程碑意义。该成果也获得国家技术发明奖二等奖。中国医学科学院基础医学研究所还针对 MSC 治疗新冠肺炎开展了一系列探索，阐述了 MSC 调节 COVID-19 患者免疫分子网络和恢复免疫系统稳态的机制，促进了重症肺炎中肺组织修复以及抑制中性粒细胞胞外诱捕网络释放进而减少血栓形成[158]。

此外，针对 MSC 的异质性是否影响疾病的治疗，南京大学医学院附属鼓楼医院开展了探索，发现脐带和骨髓来源的 MSC 在改善 1 型糖尿病血糖控制和保持 β 细胞功能方面表现出相当好的治疗效果[159]。

二、临床转化与产品研发现状

（一）领域总体发展趋势

2004 年，勒布朗（Le Blanc）教授团队在 *Lancet* 发表 MSC 治疗儿童急性难治性移植物抗宿主病（GvHD）的临床研究文章[160]。这是第一篇利用MSC的免疫抑制能力发挥治疗作用的临床研究文章，拉开了MSC治疗免疫性疾病的序幕，不仅促进了MSC从基础研究快速进入临床应用研究，而且点燃了研究人员对MSC免疫调节功能深入研究的热情。

从此之后，MSC相关研究从基础探索到临床转化的进程也不断加快。利用ClinicalTrials数据库检索全球开展的MSC相关临床试验。截至2023年，全球已经开展了相关临床试验超过1500例，其中Ⅰ期和Ⅱ期临床试验占比超过70%，Ⅲ期临床试验占比约为6.3%，Ⅳ期占比0.89%（图2-2）。治疗的疾病涵盖了大部分人体系统，其中开展研究较多的疾病包括移植物抗宿主病、关节炎、肺炎（尤其是新冠肺炎）、糖尿病及其并发症、肝硬化、脊髓损伤、炎症性肠病、动脉硬化、心肌缺血等。

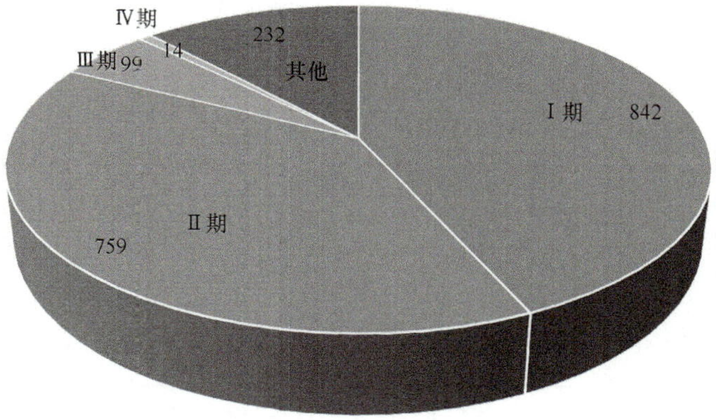

图2-2 全球开展的各阶段MSC相关临床试验数量

Ⅰ期和Ⅱ期临床试验经常同步开展，因此图中两项数据有重叠。

在产品开发方面，目前全球批准了12款MSC药物，分别用于治疗下肢血管溃疡、肛周瘘、关节炎、脊髓损伤、局部缺血、运动神经元疾病、心肌梗死、骨骼损伤、移植物抗宿主病等（表2-20）。可以看到，早期批准的MSC药物大都使用自体来源的细胞，仅有个别产品使用了异体MSC。近年来异体MSC药物上市，标志着MSC药物的研发进入一个新阶段，开始朝着“通用型”疗法的方向发展。如2019年，欧洲批准了日本武田制药开发的异体MSC疗法darvadstrocel。2020年和2021年，印度和德国也分别批准了本国首个异体MSC产品上市。2024年7月，日本Sanbio公司开发的一种经过基因修饰的异体 MSC 产品 SB623 也获得日本厚生劳动省的产品有条件上市许可。异体 MSC 的使用意味着相关产品的规模化生产成为可能，为未来相关细胞药物的广泛应用奠定了基础。

表 2-20 国际上批准的 MSC 药物

药物名称	技术类型	疾病类型	公司	批准国家
艾米迈托赛注射液	异体 MSC	移植物抗宿主病	铂生卓越	中国
Stempeucel	异体 MSC	局部缺血	Stempeutics Research Pvt Ltd	印度
AMESANAR	异体皮肤 MSC	下肢血管溃疡、静脉曲张病溃疡	RHEACELL GmbH & Co KG	德国
Alofisel	异体 脂肪 MSC	肛周瘘和窦	Takeda Pharmaceutical Co Ltd	欧洲 以色列/瑞士 日本 加拿大
Stemirac	自体骨髓 MSC	脊髓损伤	Sapporo Medical University、Nipro Corp	日本
Temcell	异体骨髓 MSC	aGvHD	JCR	日本
NeuroNATA-R	自体骨髓 MSC	运动神经元疾病	Corestem Co Ltd	韩国
Remestemcel-L	异体骨髓 MSC	儿童 aGvHD	Mesoblast	加拿大、新西兰、美国
Cupistem	自体脂肪 MSC	瘘管	Anterogen	韩国
Cartistem	脐带血 MSC	类风湿关节炎、软骨疾病	Dong-A ST Co Ltd、Medipost Co Ltd	韩国
Hearticellgram-AMI	自体骨髓 MSC	心肌梗死	FCB-Pharmicell Co Ltd、JW Pharmaceutical Corp	韩国
Queencell	自体脂肪 MSC	皮下组织缺损	Anterogen	韩国

（二）中国发展现状

与国际整体情况对比来看，我国在 MSC 的临床研究和转化方面的发展水平与国际整体同步。当前，我国通过国家卫生健康委和国家药监局两条监管渠道已经批准开展了大量 MSC 相关临床研究与试验。

其中，通过国家卫生健康委审核路径，截至 2023 年已经完成了 100 余项研究人员发起的干细胞（包括 MSC）临床研究项目的备案，其中 2/3 的研究项目都与 MSC 相关，来源包括自体骨髓、脐带、胎盘、脂肪、牙髓等。

同时，通过CDE的药物审批路径，目前也已经有60余款MSC相关新药获得了临床试验默示许可（表2-21）。适应证涉及20多种疾病，其中以移植物抗宿主病、类风湿关节炎、溃疡性结肠炎、银屑病、膝关节炎、慢性牙周炎、特发性肺纤维化、糖尿病足溃疡等疾病较多。在细胞来源方面，相关临床试验所使用的细胞主要来源于脂肪、骨髓、脐带三类，也有使用来自胎盘、宫血和牙髓来源的MSC。2022年，CDE也批准了iPSC衍生的MSC药物的临床试验。此外，在自体MSC产品发展的同时，我国也在异体MSC药物领域开始布局。2018年，西比曼公司开发的异体人源脂肪间充质祖细胞注射液成为我国首个获得批准开展临床试验的“现货”异基因干细胞产品，2023年该产品已经进入了Ⅲ期临床试验，也成为我国首个进入Ⅲ期的膝骨关节炎MSC疗法。此外，我国在2025年1月批准上市的艾米迈托赛注射液也是异体MSC药物。

表2-21 获得CDE默示许可进入临床试验阶段的MSC药物

药品名称	申请人名称	适应证
人脐带间充质干细胞注射液	深圳市北科生物科技有限公司	中重度系统性红斑狼疮
人脐带间充质干细胞注射液	吉林省拓华生物科技有限公司	失代偿期乙型肝炎肝硬化
CG-BM1 异体人骨髓间充质干细胞注射液	广州赛隽生物科技有限公司	缺血性脑卒中
人脐带间充质干细胞注射液	上海莱馥医疗科技有限公司	间质性肺病
人脂肪间充质干细胞注射液	北京瑷格干细胞科技有限公司	糖尿病足溃疡
人脐带间充质干细胞注射液	浙江泉生生物科技有限公司	注射给药用于慢性阻塞性肺疾病
注射用间充质干细胞（脐带）	天津昂赛细胞基因工程有限公司	急性缺血性脑卒中
人脐带间充质干细胞注射液	深圳市茵冠生物科技有限公司	中、重度活动期溃疡性结肠炎
人脐带间充质干细胞注射液	天士力医药集团股份有限公司	伴冠状动脉旁路移植术指征的慢性缺血性心肌病导致的慢性心力衰竭
人脐带间充质干细胞注射液	上海莱馥医疗科技有限公司	伴有肺间质异常的慢性阻塞性肺疾病
人脐带间充质干细胞注射液	杭州易文赛生物技术有限公司	中重度特应性皮炎
人脐带间充质干细胞注射液	贵州中观生物技术有限公司	早期（ARCO Ⅰ期或Ⅱ期）非创伤性股骨头坏死
人脂肪间充质干细胞注射液	北京瑷格干细胞科技有限公司	局灶性硬皮病头面部及四肢皮肤硬化
ELPIS人脐带间充质干细胞注射液	江西华夏源生物科技有限公司；华夏源（上海）生物科技有限公司	中、重度活动性炎症性肠病
人脐带间充质干细胞注射液	广州汉密顿生物科技有限公司；武汉汉密顿生物科技股份有限公司	膝关节骨性关节炎
IHS002人脐带间充质干细胞	无锡华泰创新药技术研究院有限公司	修复烧伤、糖尿病足溃疡和压疮创面
血液净化用间充质干细胞	广东乾晖生物科技有限公司	慢加急性肝衰竭（早、中期）
人脐带间充质干细胞注射液	杭州易文赛生物技术有限公司	中、重度急性呼吸窘迫综合征

续表

药品名称	申请人名称	适应证
人脐带间充质干细胞注射液	上海莱馥医疗科技有限公司	间质性肺病
人脂肪间充质干细胞注射液	北京瑷格干细胞科技有限公司	系统性硬化症导致的手功能障碍（挛缩）
人骨髓间充质干细胞注射液	九芝堂美科（北京）细胞技术有限公司	自身免疫性肺泡蛋白沉积症
人脐带间充质干细胞注射液	苏州拓华生物科技有限公司	中/重度急性呼吸窘迫综合征
人脐带间充质干细胞注射液	北京贝来生物科技有限公司；北京贝来药业有限公司	阿尔茨海默病
ELPIS 人脐带间充质干细胞注射液	华夏源（上海）生物科技有限公司	中、重度宫腔粘连
人脐带间充质干细胞注射液	深圳市茵冠生物科技有限公司	急性缺血性脑卒中
华通氏胶间充质干细胞注射液	深圳博雅感知药业有限公司	膝骨关节炎
ELPIS 人脐带间充质干细胞注射液	华夏源（上海）生物科技有限公司	慢加急性（亚急性）肝衰竭
注射用间充质干细胞（脐带）	天津昂赛细胞基因工程有限公司	外伤性脊髓损伤
CG-BM1 异体人骨髓间充质干细胞注射液	广州赛隽生物科技有限公司	慢加急性肝衰竭
人脐带间充质干细胞注射液	浙江泉生生物科技有限公司	失代偿期乙肝病毒肝硬化
人脐带间充质干细胞膜片	京东方再生医学科技有限公司	行冠状动脉旁路移植术治疗预期效果不佳的低射血分数冠心病
人脐带间充质干细胞注射液	北京贝来生物科技有限公司	特发性肺纤维化
人脐带间充质干细胞注射液	上海泉生生物科技有限公司	注射给药用于Ⅱ度烧伤
人脐带间充质干细胞注射液	上海泉生生物科技有限公司	注射给药用于强直性脊柱炎
人源脂肪间充质干细胞注射液	博品骨德生物医药科技（上海）有限公司；博品（上海）生物医药科技有限公司	膝关节炎
人脐带间充质干细胞注射液	贵州中观生物技术有限公司	膝骨关节炎
ELPIS 人脐带间充质干细胞注射液	华夏源（上海）生物科技有限公司	重度狼疮性肾炎
人脐带间充质干细胞注射液	上海泉生生物科技有限公司	急性呼吸窘迫综合征
人脐带间充质干细胞注射液	上海爱萨尔生物科技有限公司	结缔组织病相关间质性肺病
人脐带间充质干细胞注射液	上海爱萨尔生物科技有限公司	缺血性脑卒中
CG-BM1 异体人骨髓间充质干细胞注射液	广州赛隽生物科技有限公司	中重度成人急性呼吸窘迫综合征
异体人源脂肪间充质干细胞注射液	江苏得康生物科技有限公司	复杂肛周瘘
人脐带间充质干细胞注射液	上海莱馥医疗科技有限公司	特发性肺纤维化
ELPIS 人脐带间充质干细胞注射液	华夏源细胞工程集团股份有限公司	中、重度慢性斑块型银屑病
人脐带间充质干细胞注射液	广州赛莱拉干细胞科技股份有限公司	膝骨关节炎
人脐带间充质干细胞注射液	铂生卓越生物科技（北京）有限公司	激素治疗失败的急性移植物抗宿主病
宫血间充质干细胞注射液	浙江生创精准医疗科技有限公司	特发性肺纤维化
注射用间充质干细胞（脐带）	天津昂赛细胞基因工程有限公司	急性呼吸窘迫综合征

续表

药品名称	申请人名称	适应证
注射用间充质干细胞（脐带）	天津昂赛细胞基因工程有限公司	慢加急性（亚急性）肝衰竭
人脐带间充质干细胞注射液	铂生卓越生物科技（北京）有限公司	激素治疗失败的急性移植物抗宿主病
人牙髓间充质干细胞注射液	北京三有利和泽生物科技有限公司；首都医科大学	慢性牙周炎
人原始间充质干细胞	天津麦迪森再生医学有限公司	急性和慢性移植物抗宿主病
人脐带间充质干细胞注射液	青岛奥克生物开发有限公司	炎症性肠病
注射用间充质干细胞（脐带）	天津昂赛细胞基因工程有限公司	难治性急性移植物抗宿主病
人脐带间充质干细胞注射液	北京贝来生物科技有限公司	类风湿关节炎
缺血耐受人同种异体骨髓间充质干细胞	Stemedica Cell Technologies，Inc.；九芝堂美科（北京）细胞技术有限公司	缺血性脑卒中
人脐带间充质干细胞注射液	铂生卓越生物科技（北京）有限公司	激素耐药的急性移植物抗宿主病
自体人源脂肪间充质祖细胞注射液	西比曼生物科技（上海）有限公司；无锡赛比曼生物科技有限公司	膝骨关节炎
人脐带间充质干细胞注射液	上海爱萨尔生物科技有限公司	膝骨关节炎
人胎盘间充质干细胞凝胶	北京汉氏联合生物技术股份有限公司	糖尿病足溃疡
CBM-ALAM.1 异体人源脂肪间充质祖细胞注射液	无锡赛比曼生物科技有限公司；西比曼生物科技（上海）有限公司	膝骨关节炎

三、展望与建议

MSC 疗法是目前开展研究最多，临床转化规模最大的一种细胞治疗技术，同时因为其较好的安全性和在多个适应证中的有效性，MSC 也是全球各国关注度最高的细胞药物类型，并已经在更多疾病的治疗中展现出广阔应用前景。但与此同时也要看到，在 MSC 疗法的开发和应用中，也仍然存在一些急需解决的问题。

第一，MSC 主要通过其分泌组来发挥作用，其中包含大量的各类因子，这些因子通过交互作用，最终实现疾病的治疗。尽管目前已经开展了大量临床试验，且展现了疾病治疗的良好效果，但其背后的机制仍然存在大量的研究空白，势必会影响药物开发与临床长期有效应用。因此，未来仍需进一步加大力度开展相关基础与药理学机制的研究，实现药物开发与治疗技术的核心突破。

第二，当前对于内源性 MSC 的认知还存在不足，主要涉及其在体内的异质性、特征、分布与功能如何影响组织器官的稳态维持与再生修复，这一问题在一定程度上影响了相关领域的有序发展。因此，建议应进一步开展深入探索，在相关问题上尽快达成共识。

第三，MSC 疗法是安全性较高的一类细胞治疗技术，至今的大量临床研究中几乎没有报道致瘤性案例。因此，建议在临床试验和产品审批体系中，一方面可针对不同细胞产品类型和产品生产工艺开展针对性的成瘤性评价，另一方面对于此类安全性较高的细胞治疗可以采取相对更积极的审批策略，重点考察其治疗的有效性，从而加速相关疗法的转化进程。

第三节 胰岛细胞治疗

糖尿病是以血糖升高为特征的一种代谢性疾病，其主要致病原因是由胰岛素分泌功能障碍导致体内糖代谢紊乱。糖尿病是当前全球的高发疾病，国际糖尿病联合会 2021 年发布的《全球糖尿病地图（第 10 版）》显示，2021 年全球糖尿病成年患者（20～79 岁）人数高达 5.37 亿，约有 670 万成年患者死于糖尿病或其并发症。中国是成人糖尿病患者最多的国家，2021 年糖尿病患者已增至 1.4 亿人[161]。当前，针对糖尿病的常规治疗方式包括降糖药物使用及胰岛素注射，但这些疗法无法实现根本治愈。捐献的胰腺或由自体胰腺分离出的胰岛可用于移植治疗胰岛素依赖型糖尿病，是目前功能性治愈糖尿病的替代方案。但供体器官匮乏严重制约了其推广应用。近年来的研究发现，利用干细胞定向分化或体细胞转分化获得具有正常功能的胰腺前体细胞或再生胰岛，为糖尿病的治疗提供了一条全新的路径，也为其治疗带来了新希望。

一、基础研究现状

（一）领域发展趋势

如何在体外制备足够数量、功能成熟的胰岛细胞是胰岛细胞治疗待解决的首要科学问题，同时，进一步解决胰岛移植中面临的免疫排斥、细胞冻存问题，优化移植方案也是提升胰岛移植效率和治疗效果的关键，随着胰岛细胞治疗向应用的转化，相关研究也已成为该领域的热点方向。

1. 体外制备胰岛

体内胰岛的发育过程是从受精卵出发，经过原始内胚层形成、原肠运动（中、内胚层及原始肠管形成）、腹侧及背侧胰腺原基形成（胰腺前体细胞特化）、胰岛出芽（内分泌前体细胞特化）等一系列中间复杂过程，最后建立成熟的胰岛内分泌（包括α、β、δ等）细胞群落。胰腺发育阶段涉及的胰腺/内分泌前体细胞以及分化胰岛是用于糖尿病治疗的潜在原材料，当前科研人员已经探索出多条制备技术路线。

首先，利用干细胞的体外定向分化获取胰岛细胞的技术体系是最受关注的，也是取得进展最多的研究方向，尤其是人多能干细胞定向诱导分化获取胰岛细胞的技术路线进展最为迅速，目前已经实现体外获得在分子特征及功能上与天然胰岛细胞相似的细胞[162, 163]，基于该技术路径的胰岛移植治疗已经进入临床试验 I/II 期阶段，并在疗效方面取得了可喜进展。然而目前这一路线也仍然存在一系列问题有待进一步探索，如体外诱导分化步骤多、工艺复杂、时程长，分化体系不可避免存在其他非靶细胞，甚至还会混杂未分化的多能干细胞，带来了体内成畸胎瘤风险。面向上述问题，研究人员通过精确地绘制人多能干细胞向胰岛细胞分化过程的关键路径和涉及的核心调控元件，以指导高纯度的定向分化[164]。另外，利用内胚层干细胞定向分化获取胰岛细胞也是另一种有效方案，相比之下，这一新技术路线稳定性好、安全性高，且在分化效率和细胞纯度方面可能优于多能干细胞路径[165]，目前也已进入临床探索性研究阶段，在安全性和有效性方面也取得了重要进展。不过，关于如何真正模拟生理状态下胰岛的特征并达到生理性血糖控制的效果，胰岛组织中β细胞与其他胰岛细胞的构成比例和三维结构仍有待探索[166]。

其次，利用成体干细胞为原料在体外制备胰岛是近年来开发的另一技术路径，研究人员发现小鼠胰岛内可能存在“胰岛干/祖细胞”，这些细胞在血管内皮等中胚层来源细胞的帮助下，可以在体外扩增并保留了重新分化为成熟胰岛细胞的能力。不过，人胰岛中是否存在此类细胞，如何体外规模化扩增此类干/祖细胞，是该研究领域亟待解决的问题。

最后，利用转分化技术，将胰岛α细胞、腺泡细胞等转化为胰岛β细胞是近年来科研人员探索出的一条新路径。已有研究发现过表达 *Pdx1* 与 *MafA*，可将人胰岛α细胞重编程为分泌胰岛素的β细胞，并在小鼠模型中证实其具有缓解糖尿病功能[167]，另外揭示了 *Dnmt1* 与 *Arx* 在诱导人胰岛 α 细胞转化为 β 细胞中的关键作用[168]。也有研究发现 *MafA*、*Pdx1*、*Ngn3* 等多种基因和调控通路能够促进小鼠体内腺泡细胞向β细胞转分化[169]。然而，也要看到，由于转分化机制尚未完全厘清，该路径仍然存在获得的β细胞分化不完全、转分化效率低等问题，且相关研究多数停留在小鼠胰腺组织细胞的转分化，人类细胞研究进展较少。

另外，已知胰岛细胞在出生前后增殖活跃，但随着发育，其增殖能力迅速丧失，因此解析可增殖胰岛细胞的特性，发现影响增殖能力的因子，并将其应用于诱导成熟胰岛细胞的扩增是胰岛细胞获取的另一条途径。研究人员已鉴定识别出多个影响胰岛细胞增殖的信号通路，并成功通过诱导特定基因过表达、添加关键再生因子、3D 培养[170]等方法实现胰岛体外扩增，但整体来看扩增效率仍有待提升，距离临床应用仍有距离。

2. 解决免疫排斥问题

免疫排斥是各类异体细胞治疗面临的一个关键共性问题，在胰岛细胞治疗中，研究人员提出了两种解决免疫排斥的方案。一是用基因编辑方法敲除或过表达特定免疫相关基因来降低免疫排斥反应或提升免疫耐受[171]，目前已有采用相关技术的胰岛移植治疗推进到临床阶段，使得经基因改造的“通用型”胰岛逐渐获得重视。二是使用细胞封装技术来保护细胞免受免疫系统攻击[172, 173]，这一方法虽然能够有效减少胰岛细胞丢失，减少或消除排斥反应，但由于现有的装置隔绝免疫系统的同时阻断了胰岛内部血管网络的形成，从临床研究的疗效看很不理想，亟须寻找新的策略解决这一矛盾。另外，由于生物相容性低，植入的微型和/或宏观装置可能引发异物反应，导致装置表面成纤维细胞过度增生，进而引起氧气和营养物质的匮乏以及细胞死亡问题，仍待解决[174]。

3. 升级胰岛细胞保藏技术

胰岛细胞保藏难的问题是胰岛细胞治疗推广应用的关键阻碍之一，因此，在当前胰岛移植治疗已经进入到产业化的关键发展阶段，亟待探索更优化的保藏方案。相关研究主要聚焦于冷冻保护剂配方[175]、玻璃化和复温技术[176]等方面的优化，也有研究探索结合细胞封装技术，来改进和提升细胞的回收率、活性、功能和临床可扩展性，还有研究正在探索开发非冻存的常温及低温保藏方式。

4. 优化胰岛移植方案

临床常用的胰岛移植策略是肝门静脉移植，移植后胰岛会驻留在门脉末端，并引发血管重构，最终形成血管化的胰岛组织。移植后的血管化是胰岛存活和功能发挥的决定因素之一。前期研究表明肝门静脉移植途径是目前的最优方案，因为肝脏不但提供了优良的再血管化环境、免疫微环境，而且具备近似胰腺的肠道激素供给环境，有利于移植胰岛的存活和功能发挥。然而，也有研究发现移植后的 48 小时内，缺氧和炎症反应等因素会造成超过 50%的胰岛细胞被破坏。为了解决这些问题，目前研究人员正在从选择更优的移植部位、促进胰岛的血管化、通过基因编辑改造胰岛诱导免疫逃逸、胶囊化细胞封装、联合调节性 T 细胞或间充质细胞共移植等方向优化胰岛移植方案，并在临床前和临床研究中取得进展，如证实大网膜是有效的胰岛移植部位[177]；发现间充质细胞等辅助细胞与干细胞衍生β细胞共移植，能够通过抗炎及免疫调节作用，提高和增强移植物在体内的存活率和功能。

（二）中国发展现状

1. 体外制备胰岛

胰腺发育和再生各阶段的调控机制解析为体外制备功能性胰岛提供了重要依据，我国在相关方向开展了大量研究，北京大学、广州医科大学、厦门大学等机构探索了胰腺谱系分化和成熟过程及其调控机制[178, 179]，发现了一系列关键调控因子[180, 181]。中国科学院分子细胞科学卓越创新中心的科研人员还发现了在正常稳态及组织损伤情况下成体胰岛β细胞来源于自我增殖，而非干细胞分化，为糖尿病临床治疗研究提供了创新理论基础和研究新思路[182]。

在发育和再生机制解析基础上，我国科学家也建立了多条胰岛制备技术路径，在多能干细胞及内胚层干细胞定向分化、成体干细胞分化、细胞转分化、胰岛细胞体外扩增等方向都取得了重要进展。例如，北京大学率先建立了人多能干细胞诱导胰岛β细胞分化方案[183, 184]，这些工作所建立的模拟体内发育分步“step-wise”诱导的分化策略奠定了领域内的胰岛体外分化基础，同时获得了国际其他团队的认可。该团队还基于自主建立的人类化学重编程诱导多能干细胞（human chemically induced pluripotent stem cell，hCiPSC）分化获得与人原代胰岛相似的功能成熟的胰岛，并在国际上率先在非人灵长类动物胰岛损伤型糖尿病模型的临床前试验中，证实了多能干细胞分化获得胰岛治疗糖尿病的安全性和有效性[185]。同济大学与中国科学院分子细胞科学卓越创新中心合作采用 *ZnT8* 基因敲除增强了人胚胎干细胞定向分化来源的β细胞功能以及其对高脂高糖诱导的不良病理环境的抗性[186]。南通大学则利用人工 LAMA2-GelMA 水凝胶模拟胰腺微环境[187]，增强了人胚胎干细胞衍生β细胞功能。浙江大学还建立了多能干细胞来源的胰腺前体细胞扩增培养新体系，并证实这些前体细胞具有分化为功能成熟的胰岛β细胞的能力[188]。中国科学院分子细胞科学卓越创新中心利用新型人内胚层干细胞（EnSC）建立了 GMP 条件下的胰岛组织体外规模化制造体系，为利用再生胰岛组织（E-islet）移植治疗胰岛素依赖型糖尿病提供可产业化的技术平台。中国科学院分子细胞科学卓越创新中心在国际上率先建立了小鼠 Procr 胰岛成体干细胞分离技术方法以及小鼠胰岛类器官体外长期扩增的培养体系，为胰岛移植提供了潜在的新细胞来源[189, 190]。同济大学和中国科学院上海营养与健康研究所合作发现了能在小鼠体内诱导腺泡细胞转分化再生β细胞的关键因子[191]。山东大学则通过化合物组合筛选及新型的三维培养方法开发，实现了受孕小鼠或野生型大鼠胰岛细胞簇的体外扩增[192]。

2. 胰岛细胞封装材料和装置开发

在胰岛细胞封装材料和装置开发方面，我国的一系列研发成果有效改善了移植的免疫排斥作用，优化了细胞冷冻保存效果。例如，东南大学结合微流控封装和冷响应纳米胶囊技术，实现了胰岛β细胞在单一低温保护剂海藻糖条件下的高效低温保存[193]。四川大学使用数字光处理 3D 打印制造了用于胰岛细胞递送的微型胶囊装置，具有防止胰岛细胞渗漏、胰岛细胞存活率高以及宿主免疫系统对植入材料的反应免疫原性低等特点[194]。

3. 优化胰岛移植方案

为了改进胰岛细胞在患者体内的治疗效果和降低移植风险，我国科研人员也在移植策略优化方向开展了大量研究。例如，北京大学等建立了腹直肌前鞘下移植的新策略，该方法能够有效地支持人多能干细胞分化胰岛细胞的早期细胞存活和长期功能维持[195]，通过灵长类糖尿病模型充分验证，腹直肌前鞘下是创伤小、操作简便、移植物易于长期追踪观察、低风险、可回收的移植位点，同时实现细胞功能显著优于临床常用的肝门静脉移植方案。腹直肌前鞘下移植有望作为干细胞分化胰岛最佳的移植策略。华南理工大学研究者开发了载胰岛细胞微凝胶与 O_2 缓释微球的共同移植策略，并通过小鼠体内试验证实其在改善胰岛移植后的炎症、缺氧和宿主免疫排斥反应中的作用[196]。

二、临床转化与产品研发现状

（一）领域发展趋势

由死者捐献胰腺或自体胰腺分离胰岛治疗胰岛素依赖型糖尿病的临床试验已在各国广泛开展，展示了该疗法的安全性和有效性，其中最长的一例已脱离胰岛素达 24 年之久。2019 年以来，全球注册供体胰岛移植相关临床试验 30 项，相关临床试验集中在临床早期阶段，主要探索了采用不同移植方案（如眼前房移植、网膜移植、皮下移植、联合移植调节性 T 细胞、脐血干细胞、骨髓间充质细胞等）和在更多类型适应证（糖尿病衍生疾病、胰腺疾病等）中应用的安全性和有效性。2023 年，美国 CellTrans 公司开发的全球首款脆性 1 型糖尿病同种异体胰岛移植疗法 Lantidra 获得美国 FDA 批准上市，其中胰岛来源于死者捐献的胰腺。但是，由于胰岛供体严重匮乏，加上部分患者存在移植后胰岛失活、失功需多次治疗以及长期服用免疫抑制剂带来的潜在风险等因素，使得该疗法的推广受到制约。

利用干细胞体外定向分化获得的胰腺前体细胞[197]或再生胰岛治疗糖尿病的临床研究也取得了可喜的进展，2019 年以来，在这一方向全球注册了 10 项临床试验，其中 7 项涉及美国 Vertex 公司开发的 VX-880、VCTX210 和 VX-264 等产品，另外 3 项由我国科研团队申请，这些临床试验都处于临床 IIT 或Ⅰ/Ⅱ期阶段。Vertex 公司开发的上述三款产品，分别采用了不同技术路径试图解决移植后的免疫排斥问题，其中，VX-880 移植后需长期使用免疫抑制剂，VCTX210、VX-264 等产品结合了胰岛细胞封装技术，VCTX210 还通过基因编辑规避免疫排斥。2023 年 Vertex 公司发布 VX-880 的Ⅰ/Ⅱ期临床试验积极结果，显示所有接受治疗的 6 名患者均恢复了胰岛素分泌[198]。

（二）中国发展现状

我国在胰岛移植治疗糖尿病的临床转化方面也取得了长足进步。2019 年以来，由上海交通大学医学院、复旦大学附属儿科医院、四川大学华西医院和天津市第一中心医院申请注册了 5 项胰腺分离来源的胰岛移植临床试验。

另外，在利用干细胞体外定向分化获得的胰岛治疗糖尿病方向，我国也取得重大进展，中国科学院分子细胞科学卓越创新中心建立了新型人内胚层干细胞及其定向分化技术体系，实现了胰岛组织的体外规模化再造，其与上海长征医院合作，分别于 2021 年和 2023 年登记注册了 2 项再生胰岛移植治疗糖尿病的临床试验，分别采用自体和异体再生胰岛移植两种模式，其中于 2021 年 7 月开展了世界首例再生胰岛移植治疗胰岛素依赖型糖尿病的研究。该患者从术后第 11 周起完全脱离外源胰岛素至今，同时脱离其他降糖药物，血糖和胰岛功能均恢复到健康水平，实现了功能性治愈[199]。北京大学和天津市第一中心医院报道了利用化学重编程诱导多能干细胞制备的胰岛移植治疗 1 型糖尿病的临床研究。首位患者在移植后恢复了内源自主性、生理性的血糖调控，移植 75 天后完全稳定地脱离胰岛素注射治疗，目前疗效已稳定持续 1 年以上。

三、展望与建议

胰岛细胞治疗为胰岛素依赖型糖尿病患者带来了治愈希望，但其作为功能性治愈糖尿病的创新治疗手段，仍要面对一系列挑战，建议从以下几个方面加以深入探索。

第一，胰岛细胞治疗的首要限制因素是供体严重短缺，因此，从基础研究和临床应用角度来看，聚焦胰岛的体外构建技术是当务之急；同时，开展异种（猪）胰岛移植的研究也将有助于改善胰岛供体紧缺的问题。

第二，在产业化方面，目前国内虽已有供体胰岛移植的指南，但尚无胰岛体外制备的公认标准，阻碍了胰岛体外大规模标准化制备和广泛应用。鼓励及时发布相关胰岛移植临床结果，为最佳临床实践指南制定提供参考，同时借鉴国内外已有的关于临床胰岛移植物筛选、制备、评价及质控流程等标准[200]，加快制定国内相关标准与准则。

第三，胰岛细胞获取后需进行存储和运输以供按需移植，但胰岛细胞的有效冻存技术尚待突破，如何在冷冻保存后仍然能维持符合临床要求的胰岛细胞活力和功能是当前面临的一大挑战。为应对这一挑战，研究人员正在完善当前的胰岛细胞冷冻保存方法，围绕提升深度冷冻后细胞存活率和活力开发了超低温保存在内的多种冷冻技术。对这些新技术开展进一步的验证和完善是最为迫切的研究方向，超低温保存技术研发是其中的重点。此外，还需对胰岛细胞相关复温解冻方式、冻存速率、冻存保护剂、冻存温度与时间以及培养基氧浓度等技术问题进行深入研究和验证。

第四，胰岛移植的安全性也是特别值得关注的问题。虽然目前干细胞体外定向分化的技术体系日趋优化，但是分化获得的细胞中仍然无法避免地存在一定比例的前体细胞、非靶细胞等。如何完善该分化系统，仍需要更深入的探索和更多的投入。同时，如何确保基因编辑后通用型胰岛细胞的体内安全性，还亟待开发更完善的技术策略，并在动物和人体内严格验证。

第四节　神经细胞治疗

神经系统细胞受损或死亡后，会致使神经系统发生急慢性损伤或退行性病变，而存在于脑和脊髓中的神经前体细胞作为中枢神经系统中的储备细胞，能够分化为多种类型的神经元和神经胶质细胞，替代凋亡和死亡细胞进行损伤后的神经修复和再生。基于这一原理，外源性神经前体细胞移植逐渐成为一种潜在的新型治疗方式，可帮助急慢性神经损伤后的神经功能恢复，在脑卒中、脊髓损伤及各类神经退行性疾病（如帕金森病、肌萎缩侧索硬化、多发性硬化、视网膜色素变性、年龄相关性黄斑变性、亨廷顿舞蹈病等）等神经系统疾病中不断取得进展，应用前景广阔。

一、基础研究现状

（一）领域总体发展趋势

充足的细胞来源是神经前体细胞应用于临床治疗待解决的首要问题。用于治疗的神经前体细胞的来源丰富，包括从胎脑等原代组织中直接提取、从多能干细胞中分化以及从体细胞[201，202]中转分化等途径，其中，多能干细胞（ESC 和 iPSC）分化的神经前体细胞是当前研究中应用最多的类型，近几年陆续发现了诱导多能干细胞定向分化的多种调控因子，包括基因[203，204]、细胞生长因子[205，206]、小分子[207，208]和激素等，进而构建出人源多能干细胞定向分化为不同脑区、不同类型神经前体细胞的方法，为不同类型神经元功能缺失造成的神经系统疾病治疗提供了所需的特定细胞。

当前已经开发的可用于移植的神经前体细胞包括脑区神经前体细胞、脊髓神经前体细胞及周围神经前体细胞、眼部神经前体细胞，以及神经胶质前体细胞，其中，相比更复杂的脑区神经细胞移植治疗，脊髓神经前体细胞移植、眼部神经前体细胞移植研发难度相对较低，研发工作开展较多。而脑区神经前体细胞移植疗法方向最受关注，脑区神经前体细胞又包括前脑神经前体细胞［前脑的谷氨酸能神经前体细胞、γ-氨基丁酸（gamma-aminobutyric acid，GABA）能神经前体细胞、胆碱能神经前体细胞等］，以及中脑的多巴胺能神经前体细胞、5-羟色胺能神经前体细胞等。研发进展最快的是中脑多巴胺能神经前体细胞，研究证实，中脑多巴胺能前体细胞移植显现出对帕金森病有长期的治疗效果[209]。而前脑神经前体细胞、脊髓神经前体细胞、视网膜色素上皮（retinal pigment epithelium，RPE）细胞等其余细胞的移植也不断取得进展，分别在神经退行性疾病（如癫痫、阿尔茨海默病和额颞叶痴呆等）、缺血性脑病、脊髓损伤、视网膜退行性疾病［如视网膜色素变性、年龄相关性黄斑变性（age-related macular degeneration，AMD）和 Stargardt 病等］等疾病的治疗中显示初步疗效。

1. 中脑多巴胺能神经前体细胞

中脑多巴胺能神经前体细胞治疗帕金森病的研究是脑区神经细胞移植研究中最为成熟的领域。研究人员成功将多能干细胞[210，211]、人间充质干细胞[212，213]、成纤维细胞[214]诱导分化成中脑腹侧多巴胺能神经前体细胞，在动物模型中显现出有效地逆转帕金森病的迹象[215]。与此同时，移植的中脑腹侧多巴胺能前体细胞存活率低仍然是临床治疗的障碍。

2. 前脑神经前体细胞

前脑神经前体细胞是负责整个大脑发育的前体细胞，可获得正确组成的大脑神经细胞并具有高功能成熟度，可分化出接近大脑比例的谷氨酸能神经元和γ-氨基丁酸能神经元，及胆碱能神经元、胶质细胞等。其针对大脑疾病的移植治疗一直是脑区神经细胞移植重点研究和广泛开展的一个领域。在多项动物研究中，研究人员观察到胎儿组织提取[216，217]、转分化[218]或多能干细胞定向诱导分化[219，220]得到的前脑神经前体细胞颅内移植至脑梗死、脑瘫、老年痴呆等模型可以实现新的环路连接，并促进动物的运动、认知等功能恢复[221，222]。前脑神经前体细胞显示出对脑卒中、脑瘫、颅脑损伤、癫痫、老年痴呆等多种重大疾病的治疗潜力和良好的安全性[223，224]。其中，前脑 GABA 能中间神经元的前体细胞移植是前脑神经前体细胞移植研究中最受关注的研究领域，取得多项突破。前脑内侧神经节突起型 GABA 能神经前体细胞移植入海马区已显示出对癫痫[225，226]、阿尔茨海默病[227，228]、创伤性脑损伤[229]的治疗潜力，基于这一策略治疗难治性颞叶癫痫的细胞治疗产品已进入了临床试验阶段。获取用于移植的 GABA 能中间神经前体细胞是目前研究活跃的方向。

3. 脊髓神经前体细胞及运动神经元

脊髓神经前体细胞是用于治疗脊髓损伤的主要细胞来源。挖掘调控神经前体细胞定向分化为脊髓神经元的诱导因子和培养体系是当前研究热点[230]。此外，自体体细胞直接重编程产生神经前体细胞的方法开发为该领域开辟了新的治疗机会。而在脊髓损伤以及肌萎缩侧索硬化症等运动神经元退行性疾病治疗方面，运动神经元移植疗法作为一种替代策略，具有巨大的前景。研究人员已成功将 ESC/iPSC[231]、人类脂肪来源干细胞[232, 233]、成纤维细胞[234]、人嗅觉外间充质干细胞[235]转化为运动神经元，动物移植试验显示运动功能显著恢复[236]。

4. 中枢神经系统神经胶质细胞前体细胞

中枢神经系统神经胶质细胞前体细胞/NG2神经胶质细胞移植疗法研究广泛。少突胶质细胞前体细胞移植研究方面，目前已实现多种途径衍生获得少突胶质细胞前体细胞及少突胶质细胞，奠定了细胞移植疗法研发基础，移植治疗脊髓损伤已进入临床试验阶段；星形胶质细胞研发方面，核因子 IA、纤维蛋白原等分子的发现确定了胶质细胞转换的关键机制，为获得特定星形胶质细胞带来了机遇。

5. 眼部神经前体细胞

眼部神经前体细胞移植疗法研发较为领先，基于视网膜色素上皮细胞的移植疗法在年龄相关性黄斑变性、视网膜色素变性、Stargardt 病等视网膜退行性疾病中研究广泛，研究证实，ESC[237, 238]和 iPSC[239]来源的 RPE 细胞移植在人类视网膜变性疾病的临床前模型中恢复了模型动物的视力，相关研究已陆续进入临床阶段。免疫攻击是细胞移植临床应用的关键问题，研究人员分别从自体 iPSC 衍生的 RPE 细胞移植、HLA 匹配的同种异体 iPS-RPE 细胞移植两个方向研发解决这一问题[240, 241]。通过构建低免疫原性的 iPSC 制备通用型的细胞治疗产品也是一个解决策略[242]。此外，视网膜祖细胞[243, 244]、视网膜神经节细胞前体细胞[245]、穆勒神经胶质细胞[246]的移植疗法也是该领域的新兴研究方向。

6. 生物支架或细胞培养体系

除此之外，这些细胞的临床应用还面临一些重要挑战，包括细胞体外制造、递送、体内迁移、存活、整合、发挥替代效用问题。除上述鉴定调控因子以定向细胞增殖和分化外，通过设计三维细胞培养、递送体系以创建稳定和可移植的细胞微环境也是解决这一系列问题的潜在理想途径之一。基于透明质酸、自组装肽、纤维蛋白等多种类型水凝胶[247, 248]以及石墨烯、碳纳米管等新型纳米材料[249, 250]的神经干细胞三维培养体系可作为精细研究和调控干细胞增殖及分化的有力工具；生物材料结合细胞移植、磁驱动微型机器人[251]、纳米材料封装装置[252]也在细胞递送中取得进展，进一步优化细胞递送策略。

（二）中国发展现状

我国的神经前体细胞移植研究整体走在国际前列，尤其在中脑多巴胺能神经前体细胞、前脑神经前体细胞、中枢神经系统神经胶质细胞前体细胞等领域获得了一系列国际领先的成果。

1. 中脑多巴胺能神经前体细胞

中脑多巴胺能神经前体细胞研究方面，我国在中脑多巴胺能神经前体细胞分化机制及移植研究中不断取得突破。中国科学院动物研究所证实了多能干细胞来源的中脑多巴胺能神经前体细胞移植治疗帕金森病的有效性[253]，并对相关细胞制备技术进行了持续优化[254]。中国科学院脑科学与智能技术卓越创新中心则解析了中脑内多巴胺能神经细胞分化过程，在此基础上开发了目的细胞高度富集的供体细胞药物制备新策略[255]，并在移植细胞整合入宿主环路的研究方面取得进展，阐明了 ESC 诱导的中脑内多巴胺能神经细胞移植后与神经环路、神经功能的关系[256]。

2. 前脑神经前体细胞

在前脑神经前体细胞移植研究方面，我国在 GABA 能神经前体细胞分化技术方面取得新突破。例如，中国科学院脑科学与智能技术卓越创新中心、复旦大学等机构合作发现人多能干细胞来源的纹状体神经前体细胞移植后可分化为纹状体 GABA 能投射神经元，功能性修复缺氧缺血性脑病动物模型基底神经节环路[257]。

3. 脊髓神经前体细胞及运动神经元

相比于国外脊髓损伤治疗的研究现状，我国在通过生物活性材料技术结合细胞移植治疗脊髓损伤方面具有明显的优势。例如，中国科学院遗传与发育生物学研究所发现 LncRNA Neat1 介导 miR-124 诱导的脊髓神经前体细胞中 Wnt/β-连环蛋白信号转导的激活，促进神经前体细胞分化为神经元，这可能为脊髓损伤提供新的治疗途径[258]；华中科技大学同济医学院附属同济医院发现通过人多能干细胞体外分化产生的脊髓 GABA 能神经前体细胞，移植后能够减轻脊髓损伤大鼠的痉挛并改善其运动功能障碍[259]。

而运动神经元研究方面，我国也在运动神经元样细胞分化和动物模型内细胞移植治疗方面取得初步研究进展。例如，同济大学、上海科技大学等优化了人类脂肪来源干细胞转分化为运动神经元样细胞的方案，证明了预处理的人类脂肪来源干细胞可以在受伤的脊髓中存活、整合并成为具有电生理活性的神经元细胞，并证实了该类细胞在脊髓损伤小鼠体内移植的治疗潜力[260]。

4. 中枢神经系统神经胶质细胞前体细胞

我国在中枢神经系统神经胶质细胞前体细胞移植方面的研究紧跟国际，我国在少突胶质细胞前体细胞和少突胶质细胞的分化策略研究中不断取得突破。例如，中南大学提出了一种从啮齿动物神经前体细胞中产生少突胶质细胞前体细胞和少突胶质细胞的分化策略，可以为脊髓损伤提供丰富的少突胶质细胞前体细胞来源[261]；中国科学院上海药物研究所发现使用小分子抑制 MAPK/ERK 通路可促进神经祖细胞衍生的少突胶质细胞前体细胞到少突胶质细胞的分化，移植入脱髓鞘动物模型后形成髓鞘，显示出显著的脱髓鞘疾病治疗效果[262]；厦门大学、上海交通大学等机构分别发现了通过核孔蛋白 Seh1 与 Olig2/Brd7 相互作用[263]，或通过激活 Wnt/β-连环蛋白信号转导通路[264]，促进少突胶质细胞分化和髓鞘形成的机制。

5. 眼部神经前体细胞

眼部神经前体细胞移植疗法研发方面，我国在视网膜色素上皮细胞、视网膜祖细胞的移植疗法方面均开展了广泛研究，不断取得研发进展，并有相应产品进入临床。例如，暨南大学研究发现，通过视网膜下移植 3D 球状体培养的人诱导多能干细胞衍生 RPE 细胞，可以挽救光感受器的结构和功能，这为未来治疗视网膜色素变性和其他视网膜变性疾病的临床细胞疗法奠定了基础[265]。华东理工大学开发自修复注射水凝胶 CS-Odex 作为递送视网膜祖细胞的生物活性载体，增强视网膜祖细胞的存活、增殖和分化，促进视网膜祖细胞移植疗法在修复人类视网膜变性引起的视力丧失中的应用[266]。

6. 生物支架及细胞培养体系

国内在生物支架及细胞培养体系领域开展了广泛的研究，在应用生物材料促进细胞体外培养、细胞体内递送、体内存活和分化、体内迁移和增殖等方向均取得进展。一方面，用于神经干细胞增殖、分化的细胞培养材料不断丰富。例如，苏州大学[267]、吉林大学第二医院[249]和中国科学院苏州纳米技术与纳米仿生研究所[268]等研究发现仿生 3D 细菌纤维素-石墨烯泡沫杂交支架、电刺激联合氧化石墨烯膜、新型导电水凝胶等调节神经干细胞增殖和分化的新材料。另一方面，细胞封装递送策略不断多元化。例如，中国科学院长春应用化学研究所[252]、中山大学附属第三医院[269]分别提出了纳米酶及 siRNA 结合的细胞封装递送策略、三维硫酸软骨素甲基丙烯酸酯水凝胶封装递送方法，提高了不同神经前体细胞移植的递送效率和体内存活率。

二、临床转化与产品研发现状

（一）领域总体发展趋势

神经前体细胞治疗目前整体处于临床研究阶段，全球相关临床试验共开展了 40 余项，大多处于 I 期、II 期临床试验阶段，涉及脑卒中、帕金森病、多发性硬化、脊髓损伤、肌萎缩侧索硬化症、周围神经损伤、年龄相关性黄斑变性、视网膜色素变性、黄斑裂孔等多种适应证（图 2-3），还没有产品获批上

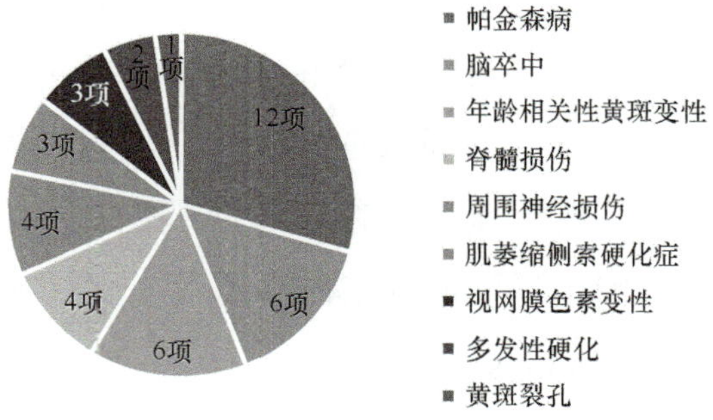

图 2-3　全球神经前体细胞移植疗法临床试验的适应证布局（彩图请见封底二维码）

市。目前全球已有德国拜耳公司、美国 Sana Biotechnology 公司、美国 Aspen Neuroscience 公司、美国 Neurona Therapeutics 公司、浙江霍德生物公司、武汉睿健医药公司等企业进入到临床试验研发中。

脑区神经前体细胞移植疗法中，中脑多巴胺能神经前体细胞移植用于治疗帕金森病的临床研究发展迅速，在美国、中国、德国等开展十余项临床试验[270, 271]。ESC 来源的中脑多巴胺能神经前体细胞移植疗法率先进入临床，目前进展最快的是德国拜耳旗下 BlueRock Therapeutics 公司的 ESC 来源中脑多巴胺能神经前体细胞 Bemdaneprocel，在治疗晚期帕金森病临床 I 期试验中表现出安全性积极结果；iPSC 衍生的多巴胺能神经前体细胞也陆续启动临床试验，美国 Aspen Neuroscience 公司 ANPD001 用于帕金森病适应证治疗中获美国 FDA 批准进入临床，成为基于自体皮肤细胞重编程制备 iPSC 衍生的多巴胺能神经前体细胞的首个临床试验；武汉睿健医药公司自主研发帕金森病管线人源 iPSC 衍生的多巴胺能前体细胞注射液 NouvNeu001 启动 I / II 期临床试验。此外，均衡性前脑神经前体细胞、前脑谷氨酸能神经元前体细胞、前脑 GABA 能中间神经前体细胞也有移植疗法进入临床试验。浙江霍德生物公司自主研发的 iPSC 来源前脑神经前体细胞药物 hNPC01 注射液启动了针对缺血性脑卒中偏瘫后遗症颅内注射治疗的中国 I 期临床试验，并获得美国 FDA 的 I / II a 期临床试验默许。美国斯坦福大学基于神经前体细胞移植治疗慢性缺血性皮质下卒中的疗法已启动临床 I / II a 期研究，美国 Neurona Therapeutics 公司与美国加州再生医学研究所正在开展前脑 GABA 能中间神经前体细胞疗法 NRTX-1001 治疗药物难治性局灶性癫痫的首次人体 I / II 期临床试验，展现了前脑神经前体细胞在脑部疾病治疗中的潜力。

中枢神经系统神经胶质细胞前体细胞领域有十余项移植疗法进入临床 I 期、I / II 期阶段，是开展临床试验最多的类型，主要用于治疗多发性硬化、脊髓损伤、肌萎缩侧索硬化症、周围神经损伤，也有视网膜色素变性、帕金森病适应证的疗法进入临床。例如，在多发性硬化治疗方面，美国杜克大学脐带血衍生的少突胶质细胞样细胞 DUOC-01 率先进入临床 I 期；在脊髓损伤治疗方面，韩国 S.Biomedics 公司 ESC 衍生的 PSA-NCAM 阳性神经前体细胞 TED-N、美国 Q Therapeutics 公司与美国得克萨斯大学西南医学中心开发的神经胶质限制性神经前体细胞 Q-cell 疗法进展最快，处于临床Ⅰ/Ⅱ期，通过腰椎或颈脊髓注射治疗横贯性脊髓炎、肌萎缩侧索硬化症；在肌萎缩侧索硬化症治疗方面，美国雪松西奈医疗中心表达胶质细胞源性神经营养因子的人神经前体细胞 CNS10-NPC-GDNF、以色列 Kadimastem 公司 ESC 衍生的星形胶质细胞 AstroRx 进展较快，分别处于临床Ⅰ期、Ⅰ/Ⅱa 期。

基于视网膜色素上皮细胞、视网膜祖细胞的移植疗法在年龄相关性黄斑变性、视网膜色素变性治疗中展现了显著潜力，全球在此领域展开了积极研究，一系列临床试验相继开展，进展最为前沿的已经进展到临床Ⅱ期。在基于视网膜色素上皮细胞移植疗法方面，韩国 Luxna Biotech 公司同种异体视网膜干细胞衍生的 RPE 细胞 RPESC-RPE-4W、以色列 Lineage Cell Therapeutics 公司与瑞士罗氏制药同种异体 ESC 衍生的 RPE 细胞 OpRegen 进展最为迅速，处于临床Ⅱ期。在基于视网膜祖细胞移植疗法方面，进展最为领先的是美国 jCyte 公司与日本参天制药视网膜祖细胞 jCell、美国哈佛医学院 Schepens 眼科研究所与英国 ReNeuron 公司同种异体视网膜祖细胞 ReN-003，处于临床Ⅱ期。

（二）中国发展现状

中国在神经前体细胞移植治疗领域处于前沿，有 17 项基于神经元前体细胞移植的疗法进入临床试验阶段（表 2-22），其中以中脑多巴胺能神经前体细胞治疗帕金森病，以及前脑谷氨酸能投射神经元前体细胞治疗脑梗死的临床试验进展最快。

我国在中脑多巴胺能神经前体细胞移植用于治疗帕金森病的领域处于前沿，中国医学科学院北京协和医学院、同济大学医学院、中国海军军医大学第一附属医院分别开展了神经前体细胞移植治疗帕金森病的 IIT。在产品开发方面，慧心医谷与首都医科大学宣武医院开发的自体外周血单核细胞重编程制备诱导性神经干细胞衍生的多巴胺能神经前体细胞、北京呈诺医学与云南省第一人民医院开发的自体多能干细胞衍生的神经前体细胞进入 IIT，上海跃赛生物与上海交通大学医学院附属瑞金医院自体血液细胞重编程制备 iPSC 衍生的中脑多巴胺能神经前体细胞 UX-DA001 也正开展 IIT，而武汉睿健医药

表 2-22　我国神经前体细胞的临床试验举例

临床试验	在研产品	移植细胞类型	研发机构	适应证	临床阶段	启动时间
NCT05901818	/	自体外周血单核细胞重编程制备诱导性神经干细胞衍生的多巴胺能神经前体细胞	慧心医谷、首都医科大学宣武医院	帕金森病	IIT	2023 年
NCT03815071	/	自体多能干细胞衍生的神经前体细胞	北京呈诺医学、云南省第一人民医院	帕金森病	IIT	2019 年
NCT06167681	NouvNeu001	iPSC 衍生的多巴胺能前体细胞	武汉睿健医药、北京医院和武汉大学中南医院	帕金森病	Ⅰ/Ⅱ期	2024 年
/	UX-DA001	自体血液细胞重编程制备 iPSC 衍生的中脑多巴胺能神经前体细胞	上海跃赛生物与上海交通大学医学院附属瑞金医院	帕金森病	IIT	2022 年
ChiCTR1900024496	/	神经干细胞	中国医学科学院北京协和医学院	帕金森病	IIT	2019 年
ChiCTR1900024661	/	神经干细胞	同济大学医学院	帕金森病	IIT	2019 年
ChiCTR2000036112	/	神经干细胞	中国海军军医大学第一附属医院	帕金森病	IIT	2020 年
MR-31-24-001927	/	iPSC 衍生多巴胺能神经前体细胞	士泽生物医药、上海市东方医院	帕金森病	IIT	2024 年
CTR20233368; NCT06299033	hNPC-01	同种异体 iPSC 来源前脑神经前体细胞	浙江霍德生物、中南大学湘雅医院	缺血性脑卒中偏瘫后遗症	临床Ⅰ期	2023 年
ChiCTR2200057960	YF-DSN	神经干细胞	中国人民解放军总医院第六医学中心	急性期脑梗死	IIT	2022 年
ChiCTR2200056902	/	神经干细胞	四川大学华西医院	恢复期和后遗症期脑梗死	IIT	2022 年
ChiCTR1900022741	/	神经干细胞	上海交通大学医学院附属仁济医院	缺血性卒中	IIT	2019 年
ChiCTR1900027199	/	神经干细胞	复旦大学附属华山医院	非急性期出血性脑卒中	IIT	2019 年
ChiCTR2000039011; ChiCTR2000028744	ANGE-S004	神经干细胞	上海安集协康生物、同济大学附属上海市东方医院	阿尔茨海默病	IIT	2020 年
ChiCTR2200059595	ANGE-S002	神经干细胞	上海市同济医院	脊髓损伤	IIT	2022 年
ChiCTR1900026210	/	嗅鞘细胞和嗅神经元	清华大学玉泉医院	帕金森病	IIT	2019 年
NCT05445063	Autologous iPSC-derived RPE	自体 iPSC 衍生的 RPE 细胞	首都医科大学附属北京同仁医院	AMD	临床Ⅰ期	2022 年
ChiCTR2200055625	/	ESC 衍生的 RPE 细胞	重庆西南医院	高度近视黄斑裂孔	IIT	2022 年

公司自主研发帕金森病管线 iPSC 衍生的多巴胺能神经前体细胞注射液 NouvNeu001 启动人体Ⅰ/Ⅱ期临床试验，士泽生物医药联合上海市东方医院

开展的“临床级 iPSC 衍生多巴胺能神经前体细胞治疗中重度帕金森病的临床研究”项目，正式由国家卫生健康委和国家药监局批准开展 IIT。

在前脑神经前体细胞治疗方面，我国在治疗脑卒中、阿尔茨海默病的疗法进入临床阶段，也处于国际前沿。中国人民解放军总医院第六医学中心、四川大学华西医院、上海交通大学医学院附属仁济医院、复旦大学附属华山医院分别开展了神经前体细胞移植治疗脑卒中的 IIT。在产品开发方面，浙江霍德生物公司自主研发针对缺血性脑卒中偏瘫后遗症的 iPSC 来源前脑神经前体细胞药物产品 hNPC-01 在中国启动临床 I 期试验，并获得美国 FDA 临床试验默示许可。在前脑 GABA 能中间神经元前体细胞移植方面，进展最快的是上海安集协康生物与同济大学附属上海市东方医院，其研发的神经前体细胞疗法 ANGE-S004 在治疗阿尔茨海默病领域启动 IIT。

而在中枢神经系统神经胶质细胞前体细胞移植疗法方面，我国也取得积极进展。清华大学玉泉医院利用嗅鞘细胞和嗅神经元的细胞疗法、上海市同济医院的神经干细胞疗法 ANGE-S002 分别启动了 IIT，用于治疗帕金森病、脊髓损伤。

此外，在视网膜色素上皮细胞治疗产品研发方面，我国略慢于国际进展，但基于 iPSC 来源、ESC 来源的 RPE 细胞疗法均有一项临床进展，首都医科大学附属北京同仁医院开发的自体 iPSC 来源 RPE 细胞进入临床 I 期，用于治疗 AMD，而重庆西南医院也正在开展基于 ESC 衍生的 RPE 细胞移植治疗高度近视黄斑裂孔的 IIT。

三、展望与建议

神经前体细胞移植到哺乳动物中枢神经系统的基础研究和临床应用已经进行了几十年，尽管移植物可以促进神经元的再生与神经环路重建，恢复神经功能，但目前要实现临床应用，仍存在一些关键障碍需要克服。

第一，神经前体细胞的诱导分化和增殖的机制尚不明确，在目前研究水平下尚不能精准控制神经前体细胞的定向分化，从而影响了神经前体细胞移植的治疗效果。

第二，移植物与宿主之间存在多种免疫学问题阻碍了临床应用，包括异种移植免疫排斥、同种异体细胞移植免疫排斥反应，以及移植部位注射引起的炎症反应等。

第三，与其他类型干细胞疗法的移植类似，因神经前体细胞移植后产生的细胞种类范围不确定且残留的多能干细胞或经过永生化的细胞系具有无限生长的成瘤性特征，使得移植物具有一定成瘤的风险。

第四，神经前体细胞移植后，需要体内迁移、存活、整合才能发挥替代效用，目前不同神经前体细胞的这一过程和机制仍不清楚，部分神经前体细胞在活生物体内生存率低、目标功能细胞分化效率低和治疗效果不佳，尚待进一步机制研究和疗法探索。

第五节　肝细胞治疗

肝脏是体内最大的代谢解毒器官。急性肝损伤、肝硬化进展到失代偿期和遗传代谢性肝病等都可能导致肝衰竭。目前原位肝移植是肝衰竭唯一有效的治疗手段，但其应用受到供体器官来源的限制。近年来，随着肝细胞的基础研究不断取得突破，肝细胞治疗也快速发展，为终末期肝病的治疗带来新希望。

肝细胞治疗可以分为体内肝细胞移植和体外生物型人工肝支持两种方式。其中用健康肝细胞体内移植替换受损细胞，既可以促进组织修复和再生，在发生不可逆损伤前逆转肝病，又能解决肝脏再生能力耗尽或持续损伤不可逆的问题。生物型人工肝则通过体外生物反应器中的功能性肝细胞，模拟正常肝脏工作机制，实现部分替代肝脏的代谢及合成功能，并促进患者肝脏再生。这两种技术不仅能够作为桥接疗法为终末期肝病患者等到移植肝源赢得过渡性时间，也有望直接治愈肝衰竭等疾病。

一、基础研究现状

（一）领域发展趋势

不管是肝细胞体内移植治疗还是体外生物型人工肝构建，获得足够数量、功能成熟的肝细胞是相关研究首要解决的问题。与此同时，如何优化体内移植方案，提升移植细胞存活率和功效，减轻免疫排斥反应，以及创新生物型人工肝构建方案也是研究人员关注的重点。

1. 体外肝细胞制备

过去几十年来，肝细胞治疗得到了长足的发展。肝细胞移植的可行性和有效性已在多种动物模型中得到证实，并已进入临床试验阶段。人原代肝细胞是最理想的移植细胞来源，但由于肝脏供体有限，严重限制了其临床应用。探索可用于肝损伤修复的不同来源肝细胞是实现终末期肝病细胞移植治疗的关键。

目前研究人员提出了多种策略来获得足够数量的移植用肝细胞。在这些策略中，去分化的原代肝细胞是目前最有望快速进入临床试验阶段的细胞类型，该策略获得的种子细胞在体内外安全性和体内功能等方面颇具优势，具有与原代肝细胞可比的体内移植后再殖能力。该策略的研究虽起步晚，但发展快速，已开始在临床中开展该类细胞的移植安全性和有效性验证。同时，多能干细胞向肝细胞样细胞的分化也是目前研究的重点，研究进程相对较快，获得的肝细胞或肝类器官的功能性已在小鼠试验中得以证实，也已开发符合GMP 标准的制备方案[272]，加快推向临床验证。多能干细胞具有无限增殖能力、可以持续分化为足量的肝细胞样细胞，使其可以作为一种良好的替代肝细胞的来源。另外，成体细胞转分化也为自体肝细胞移植提供了一个潜在细胞来源，其可行性已通过动物实验证明[273, 274]。

除了数量上的扩增，体外制备肝细胞研究还重点关注肝细胞成熟度和功能稳定性问题。研究人员聚焦如何体外诱导获得成熟的肝细胞以及维持肝细胞功能开展了系列研究，已提出包括小分子调控[275]、3D 培养[276, 277]等优化策略，提升肝细胞的成熟度和移植效率。

2. 肝细胞移植方案优化

除了肝细胞来源问题，临床肝细胞移植还面临着诸多限制，如细胞定植和再殖率低、异体肝细胞免疫排斥反应、细胞死亡或异位分布，以及移植细胞发挥效应短暂等[278, 279]，为此，肝细胞移植方案优化研究同样获得重点关注。在利用多种遗传分析工具和先进的实时成像技术观察移植细胞如何在宿主肝脏中存活、迁移、整合和重新再殖基础上，研究人员正在尝试通过优选移植部位[280]，基于药物、肝辐射或手术的肝脏损伤预处理，结合生物材料进行细胞包埋[281]，添加抗 CD40 抗体[282]等策略来促进移植细胞的增殖与再生，并减轻移植后的免疫反应，为临床上安全、高效地应用肝细胞治疗奠定了基础，但相关策略的安全性和有效性有待进一步考证。

3. 生物型人工肝开发

种子细胞是生物型人工肝的两大核心要素之一，先前的研究已经证实基于人肝癌细胞的生物型人工肝由于缺少成熟肝细胞功能，导致其在临床研究中失败，而猪源肝细胞存在异种病毒感染风险，永生化肝细胞则面临功能和生物安全性问题[283]，因此开发新型种子细胞也是生物型人工肝研发的重要方向。随着技术的进步，上述基于多能干细胞定向分化、成体细胞去分化和转分化等技术获得的肝细胞也陆续被应用于生物型人工肝的开发，且也已有基于这些种子细胞构建的生物型人工肝产品获批进入临床试验[284]。与此同时，肝细胞与其他细胞如间充质细胞共培养策略，通过旁分泌效应，优化治疗效果，也被应用于生物型人工肝的开发中，具有一定的应用前景[285]。

（二）中国发展现状

1. 体外肝细胞制备

肝发育和再生机制研究为体外肝细胞制备提供了重要参考，我国科研人员围绕该主题开展了大量研究，绘制肝脏发育动态细胞图谱[286]，识别了具有再生潜力的新细胞类型[287, 288]及细胞命运调控关键机制[289]，为体外诱导生成各种肝细胞谱系提供了参考。例如，中国科学院分子细胞科学卓越创新中心揭示了胆管上皮细胞转分化为肝细胞的细胞及分子调控机制[290, 291]、肝细胞去分化可塑性的分子基础[292, 293]以及肝细胞转分化过程中存在染色质重塑诱导的细胞身份检查点[294]。中国医学科学院北京协和医学院发现肝细胞转分化关键激酶 PIM1 并揭示其作用机制[295]。

在解析相关机制基础上，我国在体外肝细胞制备方面也开展了大量研究，研究水平处于国际前列，在多条技术路径均取得重要进展。例如，关于基于去分化的原代肝细胞体外扩增，中国科学院分子细胞科学卓越创新中心利用特殊的培养基在低氧培养环境下成功地将人原代肝细胞扩增了10 000倍以上[296]。上海交通大学、第二军医大学和同济大学等多家机构合作将人原代肝细胞转化为可以在体外快速扩增的肝祖细胞样细胞（HepLPC）[297]。中国科学院上海药物研究所筛选获得关键细胞因子，诱导小鼠原代肝细胞在体外大量扩增，接近无限传代[298]。关于多能干细胞向肝细胞的定向分化，北京大学利用其前期开发的人潜能扩展多能干细胞（EPS 细胞）高效制备出功能性肝细胞[299]，中国科学院分子细胞科学卓越创新中心建立基于人内胚层干细胞的肝实质和胆管上皮细胞的规模分化系统[300]，清华大学附属北京清华长庚医院构建了肝类器官，并证实其可以进一步分化成成熟的肝细胞[301]。关于肝细胞的转分化路径，中国科学院分子细胞科学卓越创新中心在全球率先实现了成纤维细胞向肝细胞的转分化[302]，开创了肝向转分化技术的先河。北京大学则通过两步法成功将成纤维细胞重编程为肝细胞，建立了在体外大规模制备人功能成熟肝细胞的新方法[303]。与此同时，我国还在成熟肝细胞体外功能维持方向取得重要进展，北京大学筛选到5种化学小分子的组合，并利用它们在体外成功实现了肝细胞功能的长期维持。

2. 肝细胞移植方案优化

在肝细胞移植方案优化方面，我国团队也取得了一定进展，中国科学院分子细胞科学卓越创新中心发现可增殖的人肝细胞（proliferating human hepatocyte，ProliHH）经长期培养后移植效率降低，在解析相关机制基础上提出了2条优化方案，即利用糖皮质激素地塞米松抑制受体的固有免疫反应，以及通过类器官培养降低移植细胞炎症因子的表达，显著提高肝细胞移植效率[304]，相关团队还实现了大规模制备海藻酸钠微胶囊包裹的可增殖人肝细胞类器官（eLO），并在80%肝切除术后肝衰竭模型和药物对乙酰氨基酚诱导的肝衰竭小鼠模型中证明了 eLO 腹腔移植的治疗有效性[305]。中国科学院动物研究所通过工程化改造人类胚胎干细胞，生成了表达 PD-L1 和 CTLA4Ig 的肝细胞样细胞，有效地诱导了异体细胞移植中的局部免疫耐受[306]。

3. 生物型人工肝开发

在生物型人工肝开发方面，我国则走在了国际前沿，在基于不同来源种子细胞的生物型人工肝研究中取得了突破。例如，中国科学院分子细胞科学卓越创新中心建立基于人源诱导型肝样细胞（human-induced hepatocyte，hiHep）的新型生物人工肝[307]，进而与浙江大学医学院附属邵逸夫医院合作利用 GMP 条件下生产的 hiHep 构建了临床级的 hiHep 生物人工肝，并首次开展了 7 例之前接受过大范围肝切除手术的患者的临床治疗。上海交通大学医学院附属仁济医院通过在 HepLPC 中引入肝细胞核因子 *FOXA3*，获得永生化和功能增强的 HepLPC，并证实基于该细胞构建的生物型人工肝可缓解猪急性肝功能衰竭[308]。北京大学和南京大学医学院附属鼓楼医院合作将人诱导多能干细胞定向分化为具备成熟肝细胞特性的肝球体，并应用于生物型人工肝的构建，证实其在猪急性肝衰竭治疗中的重要作用[309]。四川大学华西医院研发的“全血灌流生物人工肝系统”则成功实现了向国际顶尖医疗机构梅奥医疗中心的专利输出，加速技术转化。

二、临床转化与产品研发现状

（一）领域发展趋势

目前，供体器官来源的原代肝细胞移植治疗肝病在全球的应用已经比较成熟，全球已有超过 150 例肝病患者在临床试验中接受了肝细胞移植治疗[310]，主要以急性肝功能衰竭和遗传性代谢肝病为主。临床结果显示，肝细胞移植能短期内快速纠正遗传性代谢疾病，但长期来看，移植细胞因为整合率低和免疫排斥而死亡或者失去功能。与此同时，基于多能干细胞诱导分化、成熟肝细胞去分化等途径获得的肝细胞移植治疗也已进入临床试验阶段。2019 年以来，全球共登记注册 6 项肝细胞移植治疗临床试验，旨在进一步考察新肝细胞制备技术治疗的可行性和新型移植方案的疗效，如肝细胞微囊化、结合间充质细胞和肽-藻酸盐微珠技术的肝细胞移植、淋巴结部位移植等。

在生物型人工肝临床转化方面，目前全球也陆续开展了多项相关临床试验，但尚未有产品到达Ⅲ期临床终点。美国公司 Vital Therapies 的产品 ELAD 生物型人工肝是发展最快的相关产品，已完成Ⅲ期临床试验，该产品采用中空纤维式反应器和 C3A 肿瘤细胞系结合，在大动物实验和早期临床中取得了较好的效果，但III期临床治疗未达到预期。2019 年以来，全球共申请注册了 5 项临床试验，其中 3 项由我国机构申请，另外还有 2 项由韩国 HLB Cell Co 公司申请。韩国 HLB Cell Co 公司申请开展的评估 LifeLiver 在急性/慢加急性肝衰竭患者中的安全性和有效性的研究中，用到的 LifeLiver 包含的是猪源肝细胞。我国机构申请的 3 项临床试验使用的都是人源细胞。

（二）中国发展现状

我国积极推进肝细胞移植治疗，研发水平处于国际前列。上海交通大学医学院附属仁济医院在利用去分化技术实现了人肝细胞的体外规模化扩增的基础上，率先启动了全球首个异体去分化肝细胞移植治疗肝硬化的 IIT，显示了良好的安全性及部分缓解肝硬化。中南大学湘雅医院申请注册了利用人胚胎干细胞诱导分化的肝细胞治疗急性/慢加急性肝衰竭的安全性临床研究，并于 2022 年完成全球首例人胚胎干细胞来源肝细胞治疗肝衰竭的手术。

在生物型人工肝方面，已有多家公司推出相关产品，其中包括武汉仝干 HepAssis2 生物人工肝（HL2 人源肝母细胞）、上海微知卓 HepaCure 生物人工肝（转分化肝细胞 hiHep）、瑞徕生物人肝细胞血浆灌流器（永生化肝细胞）以及乾晖生物组合型生物人工肝治疗仪（血液净化用间充质细胞）等已进入临床试验阶段。另外，赛立维生物 ALiver 生物型人工肝（去分化永生肝细胞 HepLPC）、冠昊生物生物型人工肝（化学诱导多能干细胞 CiPSC 衍生肝细胞）等也已处于临床前研究阶段。

三、展望与建议

肝细胞移植和生物型人工肝疗法发展迅速，有望为终末期肝病的治疗带来新的契机，具有广阔的临床应用前景，但其临床应用尚存在一系列未解决的问题，仍需开展广泛和深入的研究来进一步发掘肝细胞移植和生物型人工肝疗法的潜力。

第一，如何保障稳定的细胞来源和足够的移植细胞量是肝细胞治疗的关键问题。肝细胞移植和生物型人工肝疗法都存在肝细胞来源短缺问题，在供体肝细胞缺乏的同时，肝细胞体外培养扩增问题也未完全解决，影响了肝细胞治疗的推广应用。未来我国还应在这一方向开展持续攻关，同时也应深入研究原代肝细胞复杂的表观遗传因素和基因表达，研发能够实现各环节精确调控和严格质控的肝细胞体外衍生和培养体系，并对非供体来源肝细胞的成熟性和稳定性进行提升。

第二，除肝细胞来源这一限制因素外，生物型人工肝的发展还长期受制于生物反应器的构建问题。生物反应器的性能直接关系到人工肝支持系统的效果，理想的反应器需要具备合理的设计和高生物相容性的材料以保证肝细胞功能发挥和患者治疗的安全性，因此，对于生物反应器的研究也非常重要。我国应加强对于该方向的研究投入，加快生物反应器的设计和功能验证，提高肝细胞在反应器中的功能，增强肝细胞与患者血浆物质交换效率，从而为生物人工肝研发提供新的契机。

第三，细胞治疗产品的安全性是实现其应用推广最重要的前提，体外诱导分化产生的肝细胞具有潜在的遗传不稳定性，目前细胞分化方案和其遗传完整性之间的关联仍不清晰，这方面还需要进一步探索。此外还需对细胞产品的免疫原性和副作用开展研究，以避免宿主对移植肝细胞的免疫排斥，以及最终治疗产品中残留的干细胞在体内形成肿瘤的可能性。

第四，目前肝细胞移植疗法的疾病治疗范围覆盖较少，局限于治疗部分代谢性肝病和急性肝衰竭，且无法达到长期治愈的目的，这不仅是由于上述细胞来源不足及产品质量问题，还受限于肝细胞移植效率、体内增殖能力和功能活性。肝细胞原位移植效率低，肝细胞经血管输注移植后，随血液循环流失，肝脏植入效率低下，最终定植入肝脏的细胞不足移植细胞的20%，且植入肝脏后的肝细胞增殖能力有限，因此，未来还应进一步探索肝细胞更理想的移植位置和输注方式，同时也需开展机制研究，探索促进增强肝细胞在体内增殖能力和功能活性的预处理方案。

第六节　肺细胞治疗

肺是机体与外界环境进行气体交换并维持血氧平衡的重要器官。肺部损伤可由肺部干细胞分化和再生进行修复，但慢性或严重的损伤往往会对肺组织造成不可逆的影响，导致肺组织发生重塑和永久性的肺功能下降。肺细胞治疗主要包括通过定向分化实现损伤组织结构重建的肺干细胞治疗，以及通过旁分泌途径进行微环境调控的间充质细胞治疗。间充质细胞由于存活时间短等因素，主要用于急性呼吸窘迫综合征等急性病症的治疗，在慢性肺疾病中疗效不理想。以下重点聚焦肺组织干细胞治疗的发展态势。

一、基础研究现状

（一）领域发展趋势

肺细胞治疗领域研究的核心问题在于具有肺再生功能的肺干细胞发现以及相关细胞的制备，与此同时，体内微环境对肺干细胞的影响及相关机制研究也为肺细胞治疗策略设计提供重要参考，获得重点关注。

1. 具有肺再生功能的肺干细胞发现

肺损伤再生过程中涉及多种细胞的协同作用，肺细胞治疗需要最先解决的问题是发现具有肺再生功能的肺干细胞，目前，研究最多的两类肺干细胞是支气管基底层细胞和Ⅱ型肺泡上皮细胞（alveolar type Ⅱ epithelial cell，AEC2）。研究人员已对支气管基底层细胞解剖学位置、分子标记和分化谱系开展系统研究，解析了相关再生修复机制，证实其具有分化形成肺泡和支气管上皮组织的潜能[311.312]，另外，还通过体外培养和体内示踪研究证实，肺内远端气道组织中主要行使分泌功能的 AEC2 可以自我更新或分化为Ⅰ型肺泡上皮细胞，即对肺泡正常功能至关重要的细胞[313]。除了支气管基底层细胞和 AEC2，研究人员也相继发现了其他多个具有再生修复潜力的新型肺干细胞，为肺细胞治疗带来了新的机遇，包括具有肺泡和气管分化潜能的谱系阴性的上皮干/祖细胞（lineage-negative epithelial stem/progenitor cell，LNEP）[314]、具有同时再生支气管上皮和肺泡上皮细胞能力的支气管肺泡干细胞（bronchioalveolar stem cell，BASC）[315]、具有再生肺泡能力的 AEC2 祖细胞呼吸道分泌细胞[316]和响应 Wnt 信号的肺泡上皮祖细胞[317]等。

2. 足够数量的功能性肺干细胞制备与应用

制备足够数量的功能性肺干细胞用于移植是肺细胞治疗的关键技术之一。在上述干细胞中，支气管基底层细胞制备研究进程相对较快，研究人员构建了体外扩增系统，成功攻克了支气管基底层细胞大规模临床级扩增的瓶颈问题，从而奠定了其在临床应用中的巨大潜力。当前利用支气管基底层细胞也已经开展了一系列相关临床试验，证实了其在肺部疾病治疗中的前景。另外，面向其他肺干细胞，也已有多项研究提出多能干细胞来源的肺干细胞、基于干细胞的肺类器官制备途径，并在小鼠模型中证实了多能干细胞来源肺上皮祖细胞[318]、气道基底层细胞[319]等的修复功能，以及肺类器官移植在小鼠肺再生应用中的可行性[320]，这些制备途径也为肺细胞治疗提供潜在细胞来源。

3. 衰老和疾病状态对肺干细胞的影响分析

生理性的肺脏衰老和肺部疾病发生会导致肺脏功能改变、重塑和肺干细胞再生能力的减弱，相关机制研究为进一步开发优化策略，保证肺干细胞质量和移植后功能发挥提供理论基础，获得重点关注。目前，研究人员已发现随着年龄的增长，基底层细胞数量减少，而 AEC2 数量不变，但其自我更新和分化能力存在缺陷，并揭示了多种与年龄相关的肺干细胞耗竭机制，包括氧化应激反应、线粒体功能障碍、端粒缩短和表观遗传学改变等[321]。另外，研究人员还聚焦肺部疾病发生对肺干细胞生态位造成的影响开展系列研究，揭示具体机制，如慢性阻塞性肺疾病患者肺泡中存在更多活化的巨噬细胞和成纤维细胞，会产生特定信号改变干细胞状态[322]。基于上述机制的解析，在肺细胞治疗过程中，配合相关干预措施，将进一步优化肺细胞治疗效果。

（二）中国发展现状

我国在肺细胞治疗领域进行了全面研究，在新型肺干细胞发现、肺干细胞制备与应用、衰老和疾病状态对肺干细胞的影响分析等方向都已经形成了多个优势团队，具备一定研究基础。

关于新型干细胞发现，中国科学院分子细胞科学卓越创新中心利用双同源重组细胞首次在体内证实了 BASC 的存在，并通过命运图谱分析证实了其在体内的多能性[323]。温州医科大学鉴定发现新的 2 型肺泡细胞亚型，富含 PD-L1，在肺切除术后能够实现扩增[324]。

在肺干细胞制备与应用方面，同济大学在开创了 R-Clone 药品级肺干细胞分离扩增技术的基础上，提出了基因改良型支气管基底层细胞策略，并在小鼠体内证实，改造的细胞能够稳定持续地表达 LL-37 抗菌肽，同时具有抗感染及肺损伤修复功能[325]。还有研究团队构建了结构更加精细、更加接近真实器官的肺类器官，包括具有气管上皮和肺泡上皮双向分化潜能的呼吸道类器官培养系统[326]等，但类器官研究主要集中在疾病机制模拟、毒性评价[327]中的应用，尤其是近几年在新冠病毒感染机制解析中的应用[328]。

关于衰老和疾病状态对肺干细胞的影响分析，我国科研团队也鉴定发现多个重要调控因子和通路。北京生命科学研究所等阐明肺泡再生障碍导致肺泡干细胞暴露于持续升高的机械张力，是诱发肺纤维化从肺叶边缘起始并不断向肺中心进行性发展的关键驱动因素[329]，还揭示了衰老导致肺泡干细胞再生障碍的新机制，强调能量代谢调控的重要性[330]。中国医学科学院北京协和医学院揭示肺纤维化进程中，细胞周期抑制蛋白 p21 表达的升高抑制肺泡的再生，并证实敲低 p21 可以重建肺纤维化模型中由 AEC2 主导的肺泡再生进程[331]，另外，还揭示了 TRIB3-MDM2-SLUG-SLC34A2 轴导致肺泡无法再生的机制[332]。天津大学分析了短期 PM2.5 暴露诱发短暂肺损伤及组织修复机制，包括对气道祖细胞和 AEC2 修复能力的影响[333]。温州医科大学等开发新型仿生肺泡芯片微系统，揭示在肺损伤修复过程中，机械拉伸和内皮细胞对 AEC2 细胞增殖的协同作用[334]。

二、临床转化与产品研发现状

（一）领域发展趋势

关于肺干细胞的临床研究，目前主要集中在支气管基底层细胞和 AEC2 这两大类。其中，在解决了大规模临床级扩增支气管基底层细胞难题的基础上，支气管基底层细胞已被尝试用于治疗肺纤维化、慢性阻塞性肺疾病、急性呼吸窘迫综合征、支气管扩张、间质性肺病等肺部疾病，进展最快的已进入临床Ⅱ期阶段。另外，国际上虽然也已有开展使用人 AEC2 治疗特发性肺纤维化相关的临床试验，但未提供明确证据证实 AEC2 移植具有再生肺泡的能力，且使用的细胞源于器官捐赠。

对近 5 年肺细胞治疗临床试验进行分析，可以看到，自 2019 年以来，全球范围内登记了 5 项肺细胞治疗临床试验，都是利用支气管基底层细胞进行治疗，适应证聚焦于肺纤维化、慢性阻塞性肺疾病和支气管扩张，其中的 4 项由中国机构申请，另外 1 项为美国北卡罗莱纳大学教堂山分校申请的利用人自体肺干细胞移植治疗特发性肺纤维化。

（二）中国发展现状

我国在基于支气管基底层细胞的肺部疾病治疗领域处于领先地位。2018 年，同济大学在国际上率先发表了用人支气管基底层细胞修复人的受损肺脏的实验成果，适应证为支气管扩张[335]，研究证实通过从患者支气管刷取出的几十个支气管基底层细胞，在体外扩增数千万倍之后，再移植到患者肺部的病灶部位，经过 3～6 个月的增殖、迁移和分化，这些细胞逐渐形成了新的肺泡和支气管结构，进而完成了对患者肺部损伤组织的修复替代。该团队还和广州医科大学附属第一医院及陆军军医大学附属西南医院合作于近期发表了全球首个自体支气管基底层细胞移植治疗慢性阻塞性肺疾病的临床结果，证实其具有提升肺换气功能的潜力[336]。另外，2019 年以来，广州呼吸疾病研究所、吉美瑞生公司以及瑞金医院已登记注册 4 项基于支气管基底层细胞的临床试验，用于肺纤维化、慢性阻塞性肺疾病和支气管扩张治疗，进展最快的已进入临床Ⅱ期阶段。

在产品开发方面，吉美瑞生进一步推进支气管基底层细胞产品开发和上市，其自主研发的 REGEND001 细胞自体回输制剂于 2020 年和 2021 年分别获得 CDE 临床试验默示许可，用于治疗早期、中期特发性肺纤维化和肺弥散功能障碍的慢性阻塞性肺疾病。

三、展望与建议

肺细胞治疗已步入临床研究阶段，在多种肺部疾病中展现了广泛应用前景。但在机制解析、治疗功能提升等方面尚存在一定的改进空间。

在基础研究方面，肺损伤再生过程中涉及多种细胞的协同作用，建议进一步探索肺细胞相互作用机制，提出协同调控策略，使得肺细胞治疗更好地发挥作用。同时，由于生理性的肺脏衰老会导致肺脏功能退化和再生能力减弱，建议通过厘清衰老影响肺干细胞再生机制，提出相应干预措施，实现衰老逆转。另外，关于肺细胞治疗技术路径本身，建议进一步优化多能干细胞来源的肺干细胞治疗途径，解决成瘤性、分化效率低、功能发挥持续时间短等问题，同时探索基因改造等手段来增强肺干细胞治疗功能。

从产业推进来看，肺细胞药学复杂性、产品批次间异质性等难题尚未完全攻克。未来，为推进肺细胞治疗规模化应用，建议进一步优化细胞制备工艺、深入探究药理毒理机制。同时，由于目前肺细胞治疗主要采用的是自体细胞，细胞制备的一致性、临床治疗疗效等会受到患者自体细胞状态的影响，建议强化关于细胞原材料和移植用细胞质量的评估，保障肺细胞治疗产品的安全性和有效性。

第七节　肌肉细胞治疗

当骨骼肌受损时，肌肉干细胞会被激活进而增殖分化对受损肌肉进行修复。但受老龄化以及一些基因突变因素影响，肌肉干细胞的再生修复能力会下降甚至丧失，最终导致病人瘫痪。与骨骼肌中存在可支持再生的肌肉干细胞不同，成人心肌基本不具备再生能力，一旦损伤则功能永久丧失。目前通过药物、手术等临床治疗手段在一定程度上能够延缓上述病情，但并不能逆转疾病的发展。近年来，研究人员在破解功能肌肉细胞扩增困难、细胞均一性差等关键瓶颈问题方面取得了一定进展，进而推动细胞移植治疗技术的开发，已有临床研究证实相关策略的安全性和有效性，肌肉细胞治疗应用前景广阔。

一、基础研究现状

（一）领域发展趋势

1. 骨骼肌细胞治疗

肌肉干细胞（muscle stem cell，MuSC），或称为肌卫星细胞（muscle satellite

cell，SC）是最主要的具有肌纤维再生能力、可用于肌肉细胞治疗的干细胞[337]。另外，肌肉干细胞在肌肉损伤发生后被激活，会分化为成肌细胞（myoblast），参与肌肉的修复和再生过程。目前骨骼肌细胞治疗研究主要聚焦高纯度骨骼肌肌肉干细胞制备、肌肉干细胞衰老机制揭示、肌肉干细胞移植微环境优化以及基于成肌细胞的肌肉组织工程四个方面。

1）高纯度骨骼肌肌肉干细胞制备

如何制备大量高纯度的肌肉干细胞是肌肉细胞治疗的首要科学问题。目前，获得肌肉干细胞的途径主要包括三种，技术成熟度和瓶颈问题不尽相同。首先，通过体外扩增获得肌肉干细胞是目前首选的路径，成体干细胞扩增成瘤性风险比较低，安全性高。研究人员通过在培养过程中配合使用软组织支架[338]，添加细胞因子模拟内源微环境[339]等方法，使得在体外大量培养和扩增具有功能的肌肉干细胞成为可能。未来，对肌肉干细胞的干性保持机制进行进一步深入研究，鉴定更多能够保持肌肉干细胞干性的因子，进一步完善功能性肌肉干细胞体外扩增体系是该技术路径发展的关键。其次，人多能干细胞分化途径获得的肌肉干细胞也为肌肉细胞治疗提供了一种思路，尤其是联合基因编辑技术可纠正致病性突变，进一步帮助逆转疾病表型。目前已经建立了来源于肌营养不良、强直性肌萎缩等肌肉退行性疾病患者的 iPSC，也有研究证实经基因校正的 iPSC 来源的肌肉前体细胞移植能使杜氏肌营养不良小鼠肌肉功能得到部分恢复[340]。但相关技术在细胞治疗中的应用处于非常初期阶段，分化效率低、肌肉干细胞提纯困难、存在致瘤可能性等前端瓶颈问题，使得该技术距离临床应用推广仍有较大差距。最后，还有一种途径即通过过表达特定转录因子将细胞转分化为肌肉干细胞，相关操作简单，但存在效率低、技术不可控等问题，获得的细胞很多处于介于肌肉干细胞和成肌细胞之间的状态，细胞均一性差，同时由于需要导入外源基因，安全性问题也存疑，目前相关技术距离临床应用也有较远距离。

2）肌肉干细胞衰老机制揭示

肌肉干细胞在衰老条件下会发生多种性质变化，可能直接影响移植效果，有研究显示来自老年小鼠的肌肉干细胞中，2/3 存在内在缺陷，移植后修复肌纤维和重新补充体内干细胞库的能力降低[341]。为了保证肌肉干细胞治疗疗效，肌肉干细胞衰老是亟待解决的关键问题之一。为此，研究人员针对肌肉干细胞衰老机制已开展系统研究，在此基础上已提出了一些干预措施，如短期卡路里限制[342]、自噬重建[343]、信号通路调控[344]、线粒体激活[345]等，实现了衰老逆转，修复其再生功能，为肌肉细胞治疗提供可用的肌肉干细胞。

3）肌肉干细胞移植微环境优化

人体内肌肉干细胞被多种细胞类型细胞，如纤维脂肪祖细胞、内皮细胞、周细胞、巨噬细胞等以及细胞外基质（ECM）蛋白包围，它们的相互作用对体内肌肉干细胞稳态和再生至关重要，也将对移植肌肉干细胞在受体中的定植能力与功能产生直接影响[346，347]。研究人员已发现衰老和病理条件下的微环境可能会阻碍肌肉干细胞的增殖、分化和存活，识别出部分影响因素，如旁分泌因子、外泌体等的调控作用等[348，349]，但确切机制尚不清楚。未来，在厘清微环境对肌肉干细胞的影响机制的基础上，提出干预策略也是肌肉干细胞治疗研究的重点方向之一。

4）基于成肌细胞的肌肉组织工程

基于成肌细胞的肌肉修复再生功能，研究人员已提出成肌细胞移植治疗策略，尤其是在早期对其在心力衰竭治疗中的应用进行尝试，但尚未取得实质性临床证据证实其具有心肌修复功能[350]。另外，也有研究考察了成肌细胞在治疗肌营养不良症中的应用，不过发现由于移植成肌细胞存活率低等问题，造成移植效果不佳，未发挥相关修复功能[351]，相关治疗策略仍有待进一步优化。近年来，研究人员已将研究方向转向结合生物材料，开发基于成肌细胞的组织工程产品，如成肌细胞补片[352]，但目前的组织工程肌肉存在分化不完全、成熟度不高等问题尚待解决。

2. 心肌细胞治疗

与骨骼肌不同，心肌中不存在干细胞，主要是通过多能干细胞定向分化、细胞转分化和去分化获得心肌细胞。目前心肌细胞治疗研究重点聚焦心肌细胞高效制备、心肌细胞成熟度提升以及心肌细胞移植方案优化三个方面。

1）心肌细胞高效制备

关于心肌细胞的制备，研究人员已提出了包括人多能干细胞分化、细胞转分化和去分化等技术路径，部分技术相对成熟，可推广至临床，部分仍处于理论研究阶段。具体地，人多能干细胞来源的心肌细胞移植日趋成熟，相关技术分化效率高，且由于心肌组织自身不适合其他细胞扩增，因而相对安全性高[353]。细胞转分化技术创新为心肌功能修复再生开辟了新的路径，包括体外[354]和体内原位转分化[355]两种方式，研究人员已开发了系列遗传重编程和化学重编程方法，但转分化效率待提升仍是该技术领域的主要挑战。另外，探索并模拟新生儿心肌再生分子机制，开发成人心肌细胞去分化技术[356]等策略理论上可行，但目前尚处于初期研究阶段，可能是未来促进心脏再生治疗的一个发展方向[357]。

2）心肌细胞成熟度提升

未成熟的心肌细胞表现出胎儿样心肌细胞的电生理和自发跳动特征，因此移植后可能与宿主心肌的电生理特征不匹配，导致心律失常。如何优化改进提升获得的心肌细胞的成熟度也是有效提升心肌细胞治疗疗效的关键。研究人员已提出包括延长体外培养时间[358]、生化刺激[359]、物理刺激[360]、3D 培养[361，362]、线粒体工程[363]、microRNA[364]干预等策略，一定程度上提升了心肌细胞成熟度。之后，关于单独还是联合使用这些干预措施，干预的起止时间、顺序、强度，以及最优的心肌细胞成熟状态的确定，这些问题还有待进一步优化解决。

3）心肌细胞移植方案优化

移植后心肌细胞存活率和滞留率低、细胞收缩节律与受体心脏不同步等问题也将严重影响心肌细胞治疗临床应用，亟待通过优化移植方案来解决。目前，研究人员已提出系列优化方案。例如，通过对细胞进行预处理或基因工程改造增强其应激抵抗能力，或者结合其他细胞（如内皮细胞、平滑肌细胞、心外膜细胞、间充质细胞）、生物材料，基于组织工程技术制成心肌补片[365，366]，再或是优化梗死心肌局部免疫环境等，这些策略一定程度上改善了常规细胞注射治疗存在的细胞滞留率低、细胞存活率低等问题。另外，面向细胞收缩节律与受体心脏不同步导致的心律失常问题，目前普遍的解决方案是配合使用抗心律失常药物，在此基础上，由于研究人员已经发现心肌细胞异质性与心律失常可能存在联系，未来，通过确定合适的细胞表面标志物，保证移植用心肌细胞的高纯度和成熟度统一，也将是一种解决方案，可行性尚待进一步评估[367]。

（二）中国发展现状

1. 骨骼肌细胞治疗

在骨骼肌细胞治疗领域，我国主要聚焦肌肉干细胞衰老、肌肉干细胞命运调控、成肌细胞分化调控及组织工程等方向开展了系列研究。

其中，我国科学家已识别多个关键肌肉干细胞衰老调控通路，并提出了可行的衰老问题解决方案[368, 369]。中国科学院动物研究所揭示青春基因 *Lin28* 在维持肌肉干细胞自我更新和再生中的关键作用[370]。上海交通大学医学院附属新华医院发现 RNA 结合蛋白 Msi2 通过调控 microRNA 成熟促进肌肉干细胞分化，Msi2 表达水平降低导致衰老个体中肌肉干细胞的分化能力减弱，进而造成再生功能降低[371]；中国医学科学院北京协和医学院揭示肌纤维分泌的粒细胞集落刺激因子 G-CSF 在改善老年小鼠肌肉干细胞丢失中的关键作用[372]。香港中文大学揭示 3D 基因组重组在骨骼肌卫星细胞增殖和衰老调控中的重要作用[373]。

与此同时，由于肌肉干细胞命运调控受到来自微环境的外源细胞和因子的变化，以及肌肉干细胞内源性信号通路与表观遗传调控共同作用影响，因此，面向肌肉干细胞及其复杂生态位，我国科学家开展系列研究，发现了多种调控肌肉干细胞激活、增殖、分化的关键因子，为肌肉干细胞体外高效扩增和移植后治疗疗效提升提供理论基础。中国科学院分子细胞科学卓越创新中心等揭示肌肉损伤中的免疫微环境对于肌肉干细胞干性保持和增殖发挥重要的调控作用，通过在体外模拟体内的免疫微环境，实现了具有完整干性的功能肌肉干细胞在体外的长期扩增；揭示肌肉损伤后发生细胞坏死，释放的蛋白因子直接激活组织干细胞增殖，进而推动组织修复[374]，还发现以 Gli1 为标志物的肌肉干细胞亚群，可以快速响应外界刺激，具备强大的再生潜能[375]。浙江大学揭示肥胖和 2 型糖尿病小鼠及患者骨骼肌纤维中 Baf60c 表达显著下调，通过旁分泌机制调控肌肉干细胞再生功能[376]。还有研究识别了各种转录因子[377]、转录辅因子[378]、长链非编码[379, 380]、微肽[381]、酶[382]、关键蛋白[383]等在调控肌肉干细胞命运中的关键作用。

我国也在肌肉干细胞的转分化制备方向取得进展，建立了通过化学小分子诱导将皮肤色素细胞转分化为肌肉细胞的技术[384]。

另外，我国研究团队还开展了大量关于成肌细胞分化调控机制的研究，并提出了基于成肌细胞的肌肉组织工程治疗策略。例如，西安交通大学揭示可注射导电凝胶作为成肌细胞载体，增强原位骨骼肌再生[385]。华侨大学开发高度贯通多孔微载体，用于骨骼肌细胞的微创原位递送[386]，还提出模块化微肌和微血管组织联合注射策略，改善原位骨骼肌再生[387]。

2. 心肌细胞治疗

关于心肌细胞治疗，我国主要围绕心肌细胞高效制备、心肌细胞成熟度提升、心肌细胞移植方案优化几个方向开展研究。

在心肌细胞高效制备方面，我国科学家重点聚焦多能干细胞诱导分化途径开展系列研究，并取得了一定进展，北京大学开发了基于活细胞动态图像的机器学习策略，优化了多能干细胞向心肌细胞的分化[388]。另外，还有研究人员提出了 *Pten* 基因调控[389]、热响应细胞分选[390]、转录因子 E2A 敲除[391]等策略，从降低成本、提升纯度等多个方向优化多能干细胞向心肌细胞分化方案。与此同时，我国在细胞转分化路径研究也有布局，复旦大学开发非病毒纳米颗粒，通过靶向递送治疗性 microRNA，实现在体内直接将成纤维细胞转化为心肌细胞[392]。另外，在先前研究揭示成人心肌细胞也具有一定的增殖潜能的基础上，我国科研团队还围绕如何促进心肌细胞增殖问题开展研究，发现了多个调节心肌细胞再生的关键因子[393, 394]，为促进心脏再生治疗提供新的方向。

在提升心肌细胞成熟度研究方面，我国科学家发现了多个关键调控因子和通路，揭示心脏成纤维细胞共培养[395]、视黄酸[396]、抗坏血酸[397]等在促进心肌细胞成熟中的关键作用。

另外，我国科学家还聚焦心肌细胞移植方案优化开展了系列研究，提出可行的技术方案。中国科学院上海营养与健康研究所结合人多能干细胞来源的心血管前体细胞和心肌细胞，开发了用于修复梗死心肌的工程化心肌补片，提升心肌修复再生作用[398]，还进一步揭示了多能干细胞来源的心外膜细胞移植将通过旁分泌机制促进心脏修复，提升心肌细胞存活率[399]。香港大学证实移植前利用诱导多能干细胞来源的间充质细胞进行免疫调节，能够提升心肌细胞移植存活率，改善心肌梗死治疗效果[400]。还有多个研发团队开发了新型柔性、各向异性和导电性水凝胶，揭示将其作为工程心脏贴片材料，能够促进细胞滞留、肌生成和血管形成[401，402]。

二、临床转化与产品研发现状

（一）领域发展趋势

骨骼肌细胞治疗临床转化持续推进，国际上已有骨骼肌细胞治疗尿/大便失禁、肌营养不良症、心脏疾病等临床试验的报道，但结果良莠不齐。2019年以来，全球范围内共申请14项骨骼肌细胞治疗临床试验，其中有9项是基于成肌细胞治疗大便失禁和心脏疾病，包括5项奥地利Innovacell Biotechnologie公司申请的利用成肌细胞治疗大便失禁的临床试验，以及多项日本和中国团队申请的基于成肌细胞治疗心脏疾病的临床试验，其中日本团队主要用到了成肌细胞片（myoblast cell sheet）技术；另外还有5项为基于肌肉干细胞治疗肌营养不良症和尿失禁的临床试验，包括1项由德国Charite大学申请的利用经基因编辑的肌肉干细胞治疗肌营养不良症的临床试验。

iPSC来源的心肌细胞在心力衰竭、缺血性心肌病、扩张型心肌病等心脏疾病中也展现了广泛的应用潜力。2019年以来，全球范围内登记注册12项心肌细胞治疗临床试验，其中10项临床试验的心肌细胞都是源于iPSC，另外各有1项利用了来源于胚胎干细胞和搭桥手术中患者的心脏废弃组织的心肌细胞。临床试验适应证包括心力衰竭、缺血性心肌病、心肌梗死和慢性缺血性左心室功能障碍。申请者主要来自日本（6项）、中国（3项）、美国（1项）、德国（1项）和印度尼西亚（1项）。其中，日本科研机构和企业研发实力突出，日本大阪大学、庆应义塾大学已相继启动利用iPSC制备的心肌细胞治疗缺血性心肌病和心力衰竭的临床试验，分别采用细胞补片移植和细胞注射移植两种手段，考察心肌细胞治疗疗效和安全性。日本Heartseed公司候选药物HS-001临床试验也已进入临床Ⅱ期阶段。

（二）中国发展现状

基于肌肉干细胞体外扩增技术的突破，我国在肌肉干细胞治疗临床研究方面走在世界前列，2019 年以来，由上海交通大学医学院附属第一人民医院和苏州大学附属第一医院申请注册 2 项基于肌肉干细胞治疗肌营养不良症临床试验。另外，关于成肌细胞治疗，由新乡医学院第三附属医院申请注册 1 例临床试验，旨在利用成肌细胞治疗心肌梗死并发室壁瘤患者。

我国在 iPSC 来源的心肌细胞治疗临床转化方面同样具有一定优势，以南京艾尔普再生医学为代表的企业已具备大规模生产高纯度 iPSC 来源心肌细胞的能力，其“人 iPSC 来源心肌细胞注射液（HiCM-188）”已获得 CDE 临床试验默示许可，适应证为严重慢性缺血性心力衰竭。

三、展望及建议

肌肉细胞治疗为骨骼肌、心肌受损引发的疾病治疗提供了新的路径，通过临床研究，已证实相关疗法的安全性和有效性，但可以看到，肌肉细胞治疗距离大规模产业应用仍面临一些瓶颈问题。

第一，细胞治疗需要的细胞量非常大，目前，大规模高纯度、强干性（肌肉干细胞）、高成熟度（心肌细胞）的细胞制备仍有难度。建议进一步从模拟体内微环境出发，优化细胞培养和分化体系，提高技术可控性，保障细胞治疗的疗效和安全性。

第二，对骨骼肌来说，由于肌肉组织非常致密，移植的肌肉干细胞很难在患者体内存活，即使部分干细胞得以在患者体内存活，也只限于在注射位点附近生长，难以扩展到其他部位。对心肌治疗来说，血流速度快等因素则会直接导致注射后细胞滞留率低。建议在移植方案设计中考虑结合生物材料支架、组织工程技术等策略，使得相关细胞能在关键位置发挥作用。

第三，肌肉细胞在病理和衰老条件下会发生多种性质变化，需在揭示相关因素对肌肉细胞治疗的影响机制基础上，提出相应优化方案，改善受体微环境，以提高移植细胞在受体中的定植能力与功能。

第三章　细胞治疗产品监管现状

第一节　美国和欧盟的监管现状

细胞治疗产品类型复杂多样，技术持续更新迭代，不同产品的生产制备流程差异较大，且由于涉及结构及功能极其复杂的活细胞，其质量控制难度也高于传统药物。因此，针对细胞治疗产品的监管，许多国家都建立了独立机构，制定了专门的法规监管体系以及特殊的分级分类审批策略，对这类特殊产品进行监管。

一、美国监管体系

美国 FDA 在《人体细胞治疗和基因治疗指南》中对其所监管的细胞治疗的范畴进行了明确界定，即体细胞治疗是向人体施用自体、同种异体或异种非生殖活细胞以实现治疗、诊断或预防目的的产品，其不包含输血性血液制品。细胞治疗产品类型包括细胞免疫疗法、癌症疫苗以及用于特定适应证治疗的造血干细胞、成体干细胞、胚胎干细胞等。而基因治疗（gene therapy，GT）是一种基于改变活细胞遗传物质开展的医学干预措施，在离体细胞上操纵基因并对患者施用的一类基因治疗也属于细胞治疗的一种形式[403]。

（一）监管组织架构

美国 FDA 下设生物制品评价与研究中心（Center for Biologics Evaluation and Research，CBER），负责对包括细胞与基因治疗产品在内的生物制品进行监管审评，以确保其安全性、纯度、活性和有效性[404]。与 FDA 另一下设机构药品评价与研究中心（Center for Drug Evaluation and Research，CDER）有所不同，CBER 的职能范围侧重生产制造与作用机制更为复杂的生物制品，如疫苗、血液制品、组织以及细胞/基因治疗产品等，而 CDER 监管的生物制品则侧重具有具体化学结构的生物产品，如蛋白质类药物、单克隆抗体等。CBER 下设 8 个办公室，其中组织和先进疗法办公室（Office of Tissue and Advanced Therapies，OTAT）负责细胞和基因治疗的监管（图 3-1）。2022 年 9 月，FDA 将 OTAT 重组提升为 CBER 下设的“超级办公室”，并命名为治疗产品办公室（Office of Therapeutic Products，OTP）。

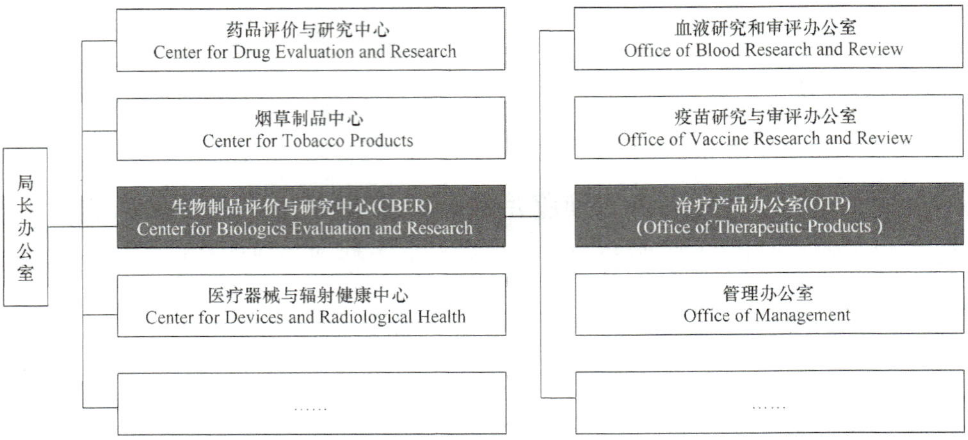

图 3-1　美国 FDA 监管组织架构

（二）监管框架及程序

1. 监管法规

对于细胞治疗类产品，美国已经形成了由法案（act）、法规（rule）以及指南（guidance）三个层级组成的相对完善的监管框架。在法案层面，美国 Federal Food, Drug, and Cosmetic Act（《联邦食品药品和化妆品法案》）及 Public Health Service Act，PHS Act（《公共卫生服务法案》）第 351 条和第 361 条是细胞治疗产品管理的主要法律依据。在法规层面，涉及细胞治疗类产品监督管理的核心法规为 Code of Federal Regulations（《美国联邦法规》）第 21 章的 A、C、D、F、L 分章，其中 L 分章食品药品相关法规收录的 1271 号（21CFR1271）是专门对人体细胞、组织以及基于细胞和组织的产品（Human Cells，Tissues and Cellular and Tissue-Based Products，HCT/Ps）的监管政策。此外，美国 FDA 还与其他细胞治疗领域管理部门、企业、研究机构相互沟通，形成了一系列行业研究指南（表 3-1），对细胞治疗产品的研发、生产制备相继颁布了数十部相关法规和技术指南。

表 3-1　美国 FDA 颁布的细胞治疗相关技术指南

名称	时间
Guidance for Industry：Guidance for Human Somatic Cell Therapy and Gene Therapy（《行业指南：人类体细胞治疗和基因治疗指南》）	1998 年 3 月
Eligibility Determination for Donors of Human Cells，Tissues，and Cellular and Tissue-Based Products；Guidance for Industry（《行业指南：人体细胞、组织以及细胞和组织制品供体的资格确认》）	2007 年 8 月
Guidance for FDA Reviewers and Sponsors：Content and Review of Chemistry，Manufacturing，and Control（CMC）、Information for Human Somatic Cell Therapy Investigational New Drug Applications（INDs）（《FDA 审查及申办者指南：人类体细胞治疗新药申请的化学、制造和控制（CMC）信息的内容和审查》）	2008 年 4 月
Guidance for Industry：Considerations for Allogeneic Pancreatic Islet Cell Products（《行业指南：同种异体胰岛细胞产品的注意要点》）	2009 年 9 月
Guidance for Industry：Cellular Therapy for Cardiac Disease（《行业指南：心脏疾病的细胞治疗》）	2010 年 10 月
Guidance for Industry：Potency Tests for Cellular and Gene Therapy Products（《行业指南：细胞和基因治疗产品的效价试验》）	2011 年 1 月
Guidance for Industry：Preparation of IDEs and INDs for Products Intended to Repair or Replace Knee Cartilage（《行业指南：用于膝关节软骨修复或替代产品的临床试验豁免申请（IDEs）和研究性新药申请（INDs）准备》）	2011 年 12 月
Guidance for Industry: Current Good Tissue Practice and Additional Requirements for Manufacturers of Human Cells,Tissues, and Cellular and Tissue-Based Products（《行业指南：当前良好组织规范（CGTP）和对人类细胞、组织、细胞和组织制品（HCT/Ps）制造商的附件要求》）	2011 年 12 月
Guidance for Industry：Preclinical Assessment of Investigational Cellular and Gene Therapy Products（《行业指南：研究性细胞与基因治疗产品临床前评估》）	2013 年 11 月
Determining the Need for and Content of Environmental Assessments for Gene Therapies，Vectored Vaccines，and Related Recombinant Viral or Microbial Products；Guidance for Industry（《行业指南：确定基因治疗、载体疫苗和相关重组病毒或微生物产品环境评估的必要性和内容》）	2015 年 3 月
Considerations for the Design of Early-Phase Clinical Trials of Cellular and Gene Therapy Products；Guidance for Industry（《行业指南：细胞和基因治疗产品早期临床试验设计的注意事项》）	2015 年 6 月
Design and Analysis of Shedding Studies for Virus or Bacteria-Based Gene Therapy and Oncolytic Products；Guidance for Industry（《行业指南：基于病毒或细菌的基因治疗和溶瘤产品的脱落研究设计和分析》）	2015 年 8 月
Recommendations for Microbial Vectors Used for Gene Therapy；Guidance for Industry（《行业指南：关于用于基因治疗的微生物载体的建议》）	2016 年 9 月
Deviation Reporting for Human Cells，Tissues，and Cellular and Tissue-Based Products Regulated Solely Under Section 361 of the Public Health Service Act and 21 CFR Part 1271；Guidance for Industry（行业指南：根据《公共卫生服务法案》第 361 条和《美国联邦法规》第 21 篇第 1271 部分规定监管的人体细胞、组织、细胞和组织产品的偏差报告）	2017 年 9 月
《行业和 FDA 工作人员指南：对人类细胞、组织以及基于细胞和组织的产品的监管注意事项》（Regulatory Considerations for Human Cells，Tissues，and Cellular and Tissue-Based Products：Minimal Manipulation and Homologous Use；Guidance for Industry and Food and Drug Administration Staff）	2017 年 12 月
Evaluation of Devices Used with Regenerative Medicine Advanced Therapies；Guidance for Industry（《行业指南：基于再生医学先进疗法的医疗器械评估》）	2019 年 2 月
Expedited Programs for Regenerative Medicine Therapies for Serious Conditions；Guidance for Industry（《行业指南：再生医学治疗严重疾病的快速审评计划》）	2019 年 2 月
Long Term Follow-up After Administration of Human Gene Therapy Products；Guidance for Industry（《行业指南：基因治疗产品给药后的长期随访》）	2020 年 1 月
Chemistry，Manufacturing，and Control（CMC）Information for Human Gene Therapy Investigational New Drug Applications（INDs）；Guidance for Industry（《行业指南：人类基因疗法新药申请的化学、制造和控制信息》）	2020 年 1 月

续表

名称	时间
Human Gene Therapy for Retinal Disorders；Guidance for Industry（《行业指南：视网膜疾病的人类基因治疗》）	2020 年 1 月
Human Gene Therapy for Rare Diseases；Guidance for Industry（《行业指南：罕见病的人类基因治疗》）	2020 年 1 月
Human Gene Therapy for Hemophilia；Guidance for Industry（《行业指南：血友病的人类基因治疗》）	2020 年 1 月
Manufacturing Considerations for Licensed and Investigational Cellular and Gene Therapy Products During COVID-19 Public Health Emergency；Guidance for Industry（《行业指南：新型冠状病毒突发公共卫生事件期间许可和研究性细胞和基因治疗产品的生产注意事项》）	2021 年 1 月
Interpreting Sameness of Gene Therapy Products Under the Orphan Drug Regulations；Guidance for Industry（《行业指南：根据孤儿药法规解释基因治疗产品的一致性》）	2021 年 9 月
Studying Multiple Versions of a Cellular or Gene Therapy Product in an Early-Phase Clinical Trial；Guidance for Industry（《行业指南：用于神经退行性疾病的人类基因疗法》）	2022 年 10 月
Studying Multiple Versions of a Cellular or Gene Therapy Product in an Early-Phase Clinical Trial；Guidance for Industry（《行业指南：细胞及基因治疗产品的多个版本在早期临床试验中的研究》）	2022 年 11 月
Manufacturing Changes and Comparability for Human Cellular and Gene Therapy Products；Draft Guidance for Industry（《行业指南草案：人类细胞和基因治疗产品的制造变更和可比性》）	2023 年 7 月
Potency Assurance for Cellular and Gene Therapy Products；Draft Guidance for Industry（《行业指南草案：细胞和基因治疗产品的效力保证》）	2023 年 12 月
Considerations for the Development of Chimeric Antigen Receptor（CAR）T Cell Products；Guidance for Industry（《行业指南：结合人类基因组编辑的人类基因治疗产品》）	2024 年 1 月
Human Gene Therapy Products Incorporating Human Genome Editing；Guidance for Industry（《行业指南：嵌合抗原受体 T 细胞产品开发的考虑》）	2024 年 1 月

在 PHS Act 中，根据 HCT/P 风险水平，将其分为高风险产品（PHS Act 351 章节）和低风险产品（PHS Act 361 章节）两大类进行管理，这两类产品的核心差异体现在产品要求和注册审批方式两方面（表 3-2）。2018 年，美国 FDA 发布指南《人体细胞、组织和细胞组织产品的监管考虑：最小操作和同源性使用》，进一步界定了上述法规文件中低风险产品涉及“最小操作”和“同源性使用”的含义。

2. 审批程序

美国的常规新药研发上市主要分为临床前研究、临床研究、上市以及上市后追踪几个阶段（图 3-2）。除 PHS Act 361 界定的低风险产品外，大部分细胞治疗产品都遵循这一过程，其中新药临床试验申请（INDs）和生物制品许可申请（BLA）是相关产品研发过程中的两个关键里程碑。而相关申请也适用于美国 FDA 设置的快速通道认定（fast-track designation）、突破性疗法认定（breakthrough therapy）、优先审评（priority review）及加速

表 3-2　PHS Act 361 产品和 351 产品

产品差异	PHS Act 361 产品	PHS Act 351 产品
风险程度	低风险	高风险
注册审批方式	可在医院直接进行临床应用，不采用药品的监管模式，无须向 FDA 提交上市申请，只需在 FDA 进行细胞产品研发机构和产品登记，定期接受 FDA 检查	需遵循药品管理要求。需向 CBER 提交新药临床申请（IND）以及生物制品许可申请（BLA）进行统一审批
产品要求	必须同时满足以下四个要素： （1）只经过“最小操作”且不改变细胞原有生物特性； （2）仅同源性使用：修复、重建、替代或补充受试者细胞或组织，通过 HCT/Ps 在受试者身上发挥同捐赠者一样的基本功能或功能，执行与内源功能相似的作用； （3）未与其他药品或生物医学材料并用； （4）不会对受试者身体产生全身性作用且不依赖于活细胞的代谢活性发挥功能； 若有全身性作用，且仅用于：a）用于自体使用；或 b）用于一级或二级血亲的同种异体使用；或 c）用于生殖用途	不符合低风险类四个要素的产品都被归为属于高风险类
清单举例	骨、韧带、肌腱、筋膜、软骨、眼部组织、皮肤、静脉或动脉（不包括保存的脐带静脉）、心包膜、羊膜（用于眼部修复）、硬脑膜物质、心脏瓣膜的同种异体移植、来源于外周血或脐带血的造血干细胞、生殖细胞（精子、卵子）、胚胎	培养的软骨细胞、培养的神经细胞、淋巴细胞免疫疗法、基因治疗产品、人类克隆、涉及遗传物质转移（细胞核、卵母细胞核、卵质中的线粒体遗传物质、遗传载体中包含的遗传物质）的治疗/基因转移技术治疗中运用的人类细胞、无关联同种异体造血干细胞、无关供体的淋巴细胞输注

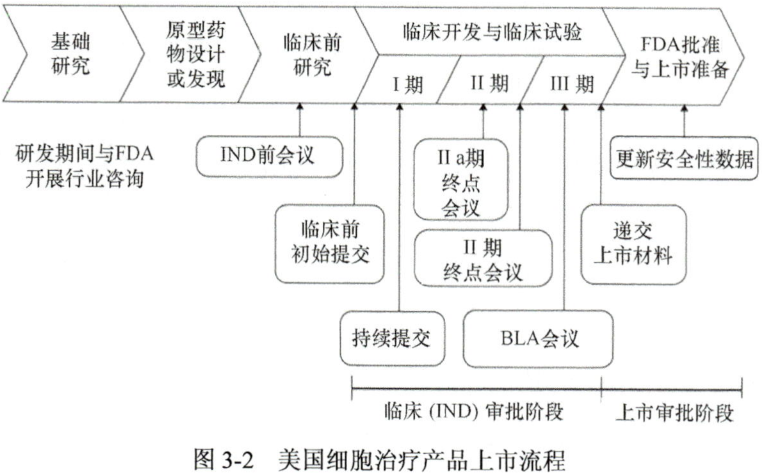

图 3-2　美国细胞治疗产品上市流程

批准（accelerated approval）等药物资格认定和药物批准的特殊途径。除此之外，为加速对再生医学疗法的审批，美国国会在《21 世纪治愈法案》颁布了新的“再生医学先进疗法”（regenerative medicine advanced therapies，RMAT）认定，这是一项专门针对再生医学疗法的加速审批通道，纳入认定的疗法类型包括细胞疗法、治疗性组织工程产品、人体细胞和组织产品，或相关疗法的组合产品[405]。2019 年 2 月，美国 FDA 再次发布了两项面向再生医学疗法的指南，其中《针对严重疾病的再生医学疗法的快速审评计划》[406]进一步扩大了对 RMAT 认定的范围，将基因修饰的细胞疗法也纳入其中；另一项指南《基于再生医学先进疗法的医疗器械的评估》则规范了对细胞与基因治疗相关医疗器械的评估方法。

二、欧盟监管体系

EMA 将基因治疗产品、细胞治疗产品、组织工程产品（TEP）以及组合先进医疗产品统一定义为先进治疗药物（advanced therapy medicinal product，ATMP）[407]。

（一）监管组织架构

EMA 负责对申请在欧盟成员国范围获批上市的细胞治疗产品进行统一审评与监管，包括产品及工艺质量、技术规范、临床试验要求以及上市程序等。先进疗法委员会（Committee for Advanced Therapies，CAT）与人用药品委员会（Committee for Medicinal Products for Human Use，CHMP）是两个核心管理机构。先进疗法委员会（CAT）是根据欧盟先进治疗药物法令（Regulation/EC 1394/2007）而建立的专门机构，由生物技术、药械、安全警戒、组织工程、基因治疗、细胞治疗、外科等多学科领域专家组成，委员会职责包括但不限于①评估 ATMP 的质量、安全性和有效性；②评估授权中小型企业开发 ATMP 的质量与非临床数据；③ATMP 的科学分类建议；④参与 ATMP 产品疗效跟踪、药物警戒和风险管理等与药品质量、安全、科学评价相关的活动；⑤相关文件制定等[408]。CHMP 负责包含 ATMP 在内的人用药品注册审评中的科学与技术方面的管理，负责对上市前药品进行评估、对上市后药品进行管理、对各成员国有关药品的不同意见给出判断。

（二）监管体系框架及监管程序

1. 法规、监管体系

与美国相似，欧盟的相关监管体系框架同样分为三个层级，即法规/法令

（regulation）、指令（directive）和科学指南（scientific guideline）。在法令层面，《先进治疗医学产品法令》（Regulation 1394/2007/EC）建立了相关产品整体的监管思路与技术框架，是监管 ATMP 的基本法规。在指令方面，欧盟议会和欧盟理事会颁布了《先进疗法的人用药品规范指令》（2009/120/EC），该指令制定了关于安全和高质量地对人体组织和细胞进行捐赠、获取、检验、处理、保存、储藏和分配的具体要求，包括规定了对人体组织和细胞的操作原则。至此欧盟建立了对 ATMP 监管和上市许可程序的法规监管框架。此外，欧盟针对基因治疗和细胞治疗产品还制定了一系列科学指导原则（表 3-3）。这些指导原则提出了对 ATMP 的具体技术规定。

表 3-3　欧洲 EMA 发布的与细胞治疗临床研究相关的指南文件

名称	时间
Guideline on Potency Testing of Cell Based Immunotherapy Medicinal Products for The Treatment of Cancer（CHMP/BWP/271475/2006）（《癌症治疗的细胞免疫治疗药品活性检测的指导原则》）	2007 年 10 月（2016 年 8 月更新）
The Overarching Guideline for Human Cell-Based Medicinal Products Is The Guideline on Human Cell-Based Medicinal Products（EMEA/CHMP/410869/2006）（《人类细胞药物产品指南》）	2008 年 5 月
Guideline on Safety and Efficacy Follow-up And Risk Management of Advanced Therapy Medicinal Products（EMEA/149995/2008）（《先进治疗药物的随访安全性、有效性和风险管理指南》）	2008 年 11 月
Guideline on Xenogeneic Cell-based Medicinal products（EMEA/CHMP/CPWP/83508/2009）（《异种细胞医药产品指南》）	2009 年 12 月
Reflection Paper on *in-vitro* Cultured Chondrocyte Containing Products for Cartilage Repair of The knee（EMA/CAT/CPWP/568181/2009）（《关于含有用于膝关节软骨修复的体外培养软骨细胞产品的反思报告》）	2010 年 5 月
Reflection Paper on Stem Cell-based Medicinal Products（EMA/CAT/571134/2009）（《干细胞医药产品反思报告》）	2011 年 2 月
Quality，Non-clinical and Clinical Aspects of Medicinal Products Containing Genetically Modified Cells（CHMP/GTWP/671639/2008）（《含有转基因细胞的药品的质量、非临床和临床方面》）	2012 年 5 月（2020 年 12 月）
Risk-based Approach According to Annex I，Part IV of Directive 2001/83/EC Applied to Advanced Therapy Medicinal Products - Scientific Guideline（EMA/CAT/CPWP/686637/2011）（《根据指令 2001/83/EC 附录 I 第 IV 部分适用于先进治疗药品的基于风险的方法》）	2013 年 3 月
Reflection Paper on Clinical Aspects Related to Tissue Engineered Products（EMA/CAT/573420/2009）（《关于组织工程产品相关临床方面的反思报告》）	2014 年 12 月
Good Laboratory Practice（GLP）Principles in Relation to Atmps（《前沿药物的非临床研究质量管理规范（GLP）》）	2017 年 1 月
Guidelines on Good Manufacturing Practice Specific to Advanced Therapy Medicinal Products（《前沿药物的生产质量管理规范（GMP）》）	2017 年 11 月
Guideline on Quality，Non-clinical and Clinical Requirements for Investigational Advanced Therapy Medicinal Products in Clinical Trials（EMA/CAT/852602/2018）（《临床试验中研究性先进治疗医用产品的质量、非临床和临床要求指南（草案）》）	2019 年 2 月
Guidelines on Good Clinical Practice specific to Advanced Therapy Medicinal Products（《前沿药物的临床试验质量管理规范（GCP）》）	2019 年 10 月
Questions and Answers on Comparability Considerations for Advanced Therapy Medicinal Products（ATMP）（EMA/CAT/499821/2019）（《关于先进治疗药物（ATMP）可比性考虑因素的问答》）	2019 年 12 月

2. 审批程序

欧盟细胞治疗产品有两条审批路径。一是按照 ATMP 进行临床研究与临床申报，由 EMA 负责审批和监管；二是遵循医院豁免条款，由医院决定对患者的治疗应用。在药物申报途径，ATMP 产品通过 EMA 统一评估、欧盟委员会批准的集中评审程序（centralized procedure，CP）获得上市许可，成员国无须单独审评（图 3-3）。CAT 对 ATMP 先进行审评后将结果递交 CHMP，CHMP 依据 CAT 的审评结果做出采纳批准、变更、暂停或取消 ATMP 上市许可的建议，最终将建议递交至欧盟委员会做决定。先进治疗产品获得批准上市后，EMA 会继续对其安全性和有效性进行监测。同时，考虑到该产品的特殊性，欧盟在集中评审程序的基础上设置了前置的分类程序[409]。ATMP 产品在进行正式上市审评前，需先提交分类申请，EMA 将根据 ATMP 活性物质公开说明、公开适应证对产品进行分类界定并提出科学意见。ATMP 也适用于 EMA 提供的多种加速审批通道，如加速审批（accelerated approval）、优先药物审批方案（priority medicines scheme，PRIME）、附条件批准（conditional marketing authorization，CMA）、特殊情况下的上市许可（exceptional circumstances）。医院豁免条例（hospital exemption，HE）是指欧盟成员国在医疗需求未得到充分满足且没有其他治疗方法的情况下，允许在指定医疗机构向患者提供未经上市许可的 ATMP 进行治疗，为临床急需患者提供新的治疗机会，以提高患者用药的可及性。获得该类许可的药物需在豁免成员

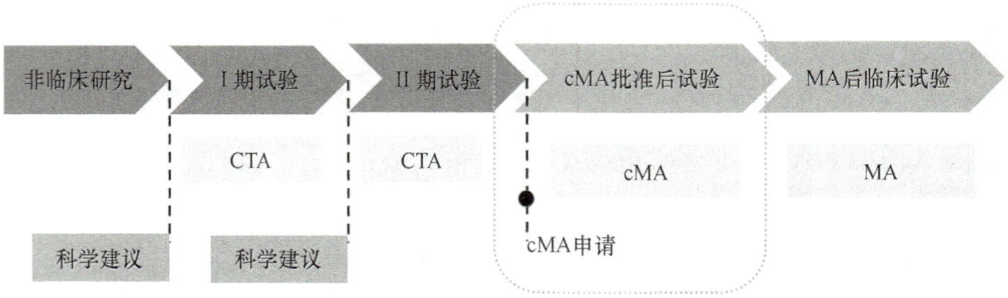

图 3-3　ATMP 上市流程

CTA：clinical trial authorization，临床试验批准；cMA：conditional market authorization，有条件上市许可；MA：market authorization，上市许可

国所辖特定医院范围内使用，医生在经过产品安全性和有效性验证后可允许使用相应的细胞产品对患者进行治疗，豁免权需由欧盟各成员国修订至本国的医疗法规后执行，否则无法律效力[410]。目前，欧盟不同的成员国对 HE 条款进行了不同的限制并提出了差异化的要求。如德国、荷兰等成员国对 HE 条款需要满足的“非常规”条件进行了定义，而部分成员国尚未对该条件给出明确界定；德国、荷兰、瑞典等国在细胞治疗产品 HE 条款的生产质量标准及药物警戒等方面提出了差异化的要求。

第二节　中国的监管现状

针对细胞治疗类产品的监管，我国由严格准入、作为第三类医疗技术开展临床应用管理到取消第三类临床技术临床应用，经历了不同阶段和不同模式的探索，最终形成了当前以国家卫生健康委员会和国家药监局为监管主体的“类双轨制”监管模式，配套政策也逐步向细化、规范化、可执行化发展，基本形成了符合中国国情的细胞治疗监管和管理模式。

一、监管体系

2017 年发布的《细胞治疗产品研究与评价技术指导原则（试行）》对细胞治疗药品进行了定义，即“细胞治疗产品是指用于治疗人的疾病，来源、操作和临床试验过程符合伦理要求，按照药品管理相关法规进行研发和注册申报的人体来源的活细胞产品”，一般不包括“输血用的血液成分，已有规定的、未经体外处理的造血干细胞移植，生殖相关细胞，以及由细胞组成的组织、器官类产品等”。

（一）发展历程

从我国细胞治疗产品监管制度的历史沿革来看，在监管责任主体以及临床和商业化渠道等方面进行了多轮改革，推动我国对细胞治疗的监管体系不断完善。

原卫生部于 1993 年发布的《人的体细胞治疗及基因治疗临床研究质控要

点》是我国将细胞治疗首次纳入监管系统的里程碑性的管理规定，1999年颁布的《新生物制品审批办法》将以基因工程、细胞工程等生物技术获得的微生物、细胞及各种动物和人源的组织和液体等生物材料制备，用于人类疾病预防、治疗和诊断的药品定义为生物制品。此后，原国家食品药品监督管理局（以下简称原国家食药监局）于2003年发布了《人体细胞治疗研究和制剂质量控制技术指导原则》，为确保体细胞治疗的安全性和有效性提供了标准。指导原则中的体细胞治疗泛指应用人的自体、同种异体或异种（非人体）的体细胞，经体外操作后回输（或植入）人体的疗法，类型覆盖造血干细胞、骨髓细胞、TIL、肝细胞、肌细胞等。但在细胞治疗技术持续发展的过程中，由于各类细胞制品标准缺失、质量难以控制，原国家食药监局于2006年暂停了这类产品的IND审批路径。2009年，原卫生部重新建立了医疗技术临床应用准入和管理制度，将医疗技术进行分类、分级管理，并出台了《允许临床应用的第三类医疗技术目录》，明确将自体免疫细胞治疗技术、细胞移植治疗技术（除干细胞）、脐带血造血干细胞治疗技术、造血干细胞（除脐带血干细胞）治疗技术按照“第三类医疗技术”进行管理。同时规定开展第三类医疗技术研究的医疗机构经过相应的应用能力技术审核，并由卫生部对临床应用审定后，允许开展临床应用和收费。多项政策为细胞治疗技术研究及应用注入新动力，但由于政策法规及质量标准研发的滞后性和不同地区贯彻执行的差异性导致相关政策没有得到统一的落实，约束力较弱，“滥用/乱用”“费用高昂”“资质缺失”“质量失控”等行业乱象和问题频繁出现。众多未经卫生部门批准的医疗机构开始开展细胞治疗的临床应用研究。2011年底，原卫生部与原国家食药监局联合发布《关于开展干细胞临床研究与应用自查自纠工作的通知》，紧急叫停了未经许可的干细胞临床研究与应用，并于2012年初开始组织国家干细胞专家委员会，制定新的干细胞临床研究管理办法。

经过3年的干细胞监管整顿工作，《干细胞临床研究管理办法（试行）》于2015年正式发布。该管理办法规定干细胞治疗不再按第三类医疗技术管理，同时规定对干细胞治疗技术开展临床研究需遵循的机构资质、备案审核制度做出了明确规定。同年，原国家卫生计生委员会（以下简称原国家卫计委）取消了第三类医疗技术临床应用准入批准，并废止了2009年出台的《允许临床应用目录》，根据新规，除造血干细胞（包括脐带血造血干细胞）移植治疗血液系统疾病经过备案后可以进行临床应用外，其他干细胞、免疫细胞技术仅能开展 IIT，不能作为治疗技术进行临床应用。此后，在“魏则西事件”的影响下，原国家卫计委于 2016 年进一步全面禁止了免疫细胞医疗技术在临床治疗中的应用，并在《涉及人的生物医学研究伦理审查办法》中进一步明确了医疗卫生机构是人体生物医学研究伦理审查和日常管理的责任主体，规定了地方卫生部门、国家和省级医学伦理部门应该承担具体的监管职责。

2017 年后，我国进一步完善了细胞治疗产品遵循的审评审批政策，从研发、注册、生产、上市全链条完善相关管理办法与指导原则，进一步加速我国细胞治疗研究与成果转化的进程。原国家食品药品监督管理总局于 2017 年发布《细胞治疗产品研究与评价技术指导原则（试行）》，明确细胞疗法药物研究、非临床研究与临床研究标准，并规定细胞治疗产品的生产过程应遵从《药品生产质量管理规范》的基本规范与相关原则。

2015 年颁布的以临床研究“备案”为主要管理形式的《干细胞临床研究管理办法（试行）》，和 2017 年发布的以细胞药物“注册”申报为主要管理形式/路径的《细胞治疗产品研究与评价技术指导原则（试行）》，标志着我国细胞临床研究“类双轨制”的监管体系的形成，也标志着我国细胞治疗监管进入规范化发展新阶段。

（二）监管框架

2019 年后，我国确立了以国家药监局与国家卫生健康委员会（以下简称国家卫生健康委）为核心的监管主体部门，其中，国家药监局负责监管审批按照药品开展临床试验的产品以及相关产品的上市申请，国家卫生健康委则负责监管以研究为目的的 IIT。两种对细胞治疗相关临床研究的监管路径各有侧重，使不同种类的细胞治疗制品得到多样化发展空间。

1. 细胞治疗作为药品监管

在药品监管路径，在完成细胞治疗产品的临床前研究后，向 CDE 提交制药企业发起的新药临床试验申请（industry-sponsored clinical trail，IST），获得默示许可或临床批件后，需要再由 GCP 资质的临床研究机构进行临床试验，完成临床试验后再向国家药监局提交新药上市许可申请，获得上市批准后的临床应用环节由国家卫生健康委监管。此外，为持续鼓励新药创新，我国 2017 年加入国际人用药品注册技术协调会（ICH）后，国家药品监管部门出台了一系列新药审批政策，并建立了一系列针对创新药的加速审批程序，进一步促进了包括细胞治疗在内的新药审批与产业发展（表 3-4）。

表 3-4 我国出台的加速审批程序

加速审批程序	发布时间	政策法规	目标药物	激励措施
优先审评	2020 年 7 月	《药品上市许可优先审评审批工作程序（试行）》	严重影响生活质量或生存的疾病，但尚无有效防治方法的创新或改良新药，或疗效较好的新药	NDA 审评时间缩短，周期为 6 个月；可以优先进行核查、检验和核准通用名
突破性疗法认证	2020 年 7 月	《突破性治疗药物审评工作程序（试行）》	①用于防治严重危及生命或者严重影响生存质量的疾病； ②对于尚无有效防治手段的，该药物可以提供有效防治手段	国外已获批但国内未获批的急需药品审评时间缩短至 70 天；补充材料滚动审查
附条件批准	2020 年 7 月	《药品附条件批准上市申请审评审批工作程序（试行）》	严重影响生活质量或生存的疾病的药物；满足公共卫生紧急需求的药物或疫苗；或具有支持其功效和预测临床益处的当前数据的药物	完成验证性试验之前基于替代重点或单臂试验结果批准
特别审批	2005 年 11 月	《国家食品药品监督管理局药品特别审批程序》	针对突发公共卫生事件应急所需防治药品而开辟的特别审批通道，确保公共卫生安全	对纳入特别审批程序的药品，可以根据疾病防控的特定需要，限定其在一定期限和范围内使用

2. 细胞治疗作为医疗技术监管

对医疗技术监管路径，我国采取“双备案”制，即 IIT 开展机构、研究项目向国家卫生健康委进行双备案。同时向省级卫生管理部门进行项目备案，明确规定医疗技术只能用于临床研究而不能在医疗机构临床转化与应用，研究者开展的临床研究 “不得向受试者收取费用”。按照国家卫生健康委和国家药监局《关于做好 2019 年干细胞临床研究监督管理工作的通知》的要求，自 2019 年起，干细胞临床研究机构与项目备案结合进行，不再单独受理干细胞临床研究机构备案。

二、监管政策

当前，我国正在逐步完善针对细胞治疗的监管政策体系。从政策构成来看，在遵循《药品注册管理办法》《中华人民共和国药品管理法》《医疗技术临床应用管理办法》，以及《中华人民共和国生物安全法》等上位法的基础上，我国出台了一系列针对细胞治疗临床前中后期研发、生产、质量控制的规范性政策（表 3-5）。此外，细胞治疗领域的行业协会面向不同类型细胞、不同应用场景、针对不同适应证不断出台相关专家共识，这些非官方文件也成为助推细胞治疗领域研究开发规范化与标准化、指引细胞临床监管方向的重要因素。例如，中国细胞生物学学会组织制定了人间充质干细胞、人视网膜色素上皮细胞、人心肌细胞、人造血干/祖细胞等 6 项团体标准，对相应的生物学特性、关键质量属性、生产工艺、质量控制等方面进行了系统规定；中华医学会等机构制定出针对系统性红斑狼疮、新冠病毒、抗宿主病等专家共识，为未来干细胞开展临床试验以及未来应用提供高级别证据；中国细胞生物学学会等机构牵头制定的首个干细胞国际标准 ISO 24603《人和小鼠多能性干细胞通用要求》，规定了多能干细胞的建系培养、生物学特性、质量控制、信息管理、分发和运输等方面的要求。中国医药生物技术协会也发布了《细胞库质量管理规范》《嵌合抗原受体修饰 T 细胞（CAR-T 细胞）制剂制备质量管理规范》《干细胞来源伦理评估指南》等多项管理规范；此外，在国家卫生健康委颁布的《体细胞临床研究工作指引（征求意见稿）》基础上，中国医药生物技术协会还受国家卫生健康委科技教育司委托颁布了《体细胞临床研究工作指引（试行）》，文件进一步对体细胞开展的 IIT 监管进行了规范，更新了体细胞定义并说明了体细胞 IIT 与药物临床试验的关系，成为国家卫生健康委监管路径下对体细胞治疗技术临床研究监管的重要补充和完善。

（一）细胞治疗技术评价

2017 年，原国家食品药品监督管理总局组织制定了《细胞治疗产品研究与评价技术指导原则（试行）》，该文件提出了细胞治疗产品在药学研究、非临床研究和临床研究方面应遵循的一般原则和基本要求。这项指南成为细胞治疗产品技术研究与评价的基本指引，此后，我国按照细胞治疗产品的药学研究规律与研发生命周期，针对不同类产品制定了多项技术评价指南。技术评价相关指南主要分为药学评价、非临床评价与临床评价三类。

表 3-5　我国出台的细胞治疗相关主要指南文件①

类别	名称	发布机构	时间
药学评价	《细胞治疗产品申请临床试验药学研究和申报资料的考虑要点》	国家药监局	2018 年 3 月
	《免疫细胞治疗产品药学研究与评价技术指导原则（试行）》	国家药监局	2022 年 5 月
	《体外基因修饰系统药学研究与评价技术指导原则（试行）》	国家药监局	2022 年 5 月
	《人源干细胞产品药学研究与评价技术指导原则（试行）》	国家药监局	2023 年 4 月
非临床评价	《基因修饰细胞治疗产品非临床研究技术指导原则（试行）》	国家药监局	2021 年 11 月
	《人源干细胞产品非临床研究技术指导原则》	国家药监局	2024 年 1 月
	《CAR-T 细胞治疗产品质量控制检测研究及非临床研究考虑要点》	国家药监局	2018 年 6 月
临床研究	《干细胞制剂质量控制及临床前研究指导原则（试行）》	国家药监局	2015 年 7 月
	《免疫细胞治疗产品临床试验技术指导原则（试行）》	国家药监局	2021 年 2 月
	《基因治疗产品长期随访临床研究技术指导原则（试行）》	国家药监局	2021 年 12 月
	《嵌合抗原受体 T 细胞（CAR-T）治疗产品申报上市临床风险管理计划技术指导原则》	国家药监局	2022 年 1 月
	《肿瘤主动免疫治疗产品临床试验技术指导原则（试行）》	国家药监局	2023 年 4 月
	《人源性干细胞及其衍生细胞治疗产品临床试验技术指导原则（试行）》	国家药监局	2023 年 6 月
	《细胞和基因治疗产品临床相关沟通交流技术指导原则》	国家药监局	2023 年 12 月
	《间充质干细胞防治移植物抗宿主病临床试验技术指导原则（征求意见稿）》	国家药监局	2023 年 9 月
	《自体 CAR-T 细胞治疗产品药学变更研究的问题与解答》	国家药监局	2023 年 11 月
生产阶段	《细胞类制品微生物检查法通则》—国家药典委员会	国家药监局	2021 年 10 月
	《基于基因修饰细胞系的生物检定法指导原则》—国家药典委员会	国家药监局	2021 年 12 月
	《细胞治疗产品生产质量管理指南（试行）》	国家药监局	2022 年 10 月
质量研究与评价	《细胞治疗产品研究与评价技术指导原则（试行）》	国家药监局	2017 年 12 月
	《CAR-T 细胞治疗产品质量控制检测研究及非临床研究考虑要点》	国家药监局	2018 年 6 月
	《抗肿瘤治疗的免疫相关不良事件评价技术指导原则》	国家药监局	2022 年 5 月

① 本表格重点突出双轨制下两类监管主体颁布的重要指南文件，发布机构不区分具体机构名称的变革，统一书写为“国家药监局”或“国家卫生健康委”。

续表

类别	名称	发布机构	时间
临床研究管理	《干细胞临床研究管理办法（试行）》	国家卫生健康委	2015 年 7 月
	《生物医学新技术临床应用管理条例（征求意见稿）》	国家卫生健康委	2019 年 2 月
	《体细胞治疗临床研究和转化应用管理办法（试行）（征求意见稿）》	国家卫生健康委	2019 年 3 月
	《医疗卫生机构开展研究者发起的临床研究管理办法（试行）》	国家卫生健康委	2021 年 9 月
	《体细胞临床研究工作指引（征求意见稿）》	国家卫生健康委	2023 年 5 月
	《体细胞临床研究工作指引（试行）》	国家卫生健康委委托中国医药生物技术协会	2023 年 8 月

在药学评价方面，药学研究与评价技术指导原则旨在为药物的科学研发和技术评价提供参考建议和有效遵循。不同类型的细胞治疗产品工艺与质量属性（如生物学活性、纯度、安全性研究等）标准差异较大，CDE 重点关注人源性干细胞产品、免疫细胞治疗产品以及基因转导与修饰系统三类产品的药学评价，颁布了相应的药学研究与评价技术指导原则。提出了药物风险评估与控制、生产用物料/工艺、质量控制、稳定性研究等方面的评价要求。

非临床研究是药物开发的重要环节之一，其目的是为阐明相关产品的作用机制、明确拟定患者人群中使用的生物合理性、预测人体不良反应并为风险控制提供支持性依据。非临床研究包括临床前安全性评价，以及临床试验期间评价不涉及人体的重复剂量试验、遗传毒性试验、致瘤试验、生殖毒性试验等，目前，CDE 已颁布《基因修饰细胞治疗产品非临床研究技术指导原则（试行）》与《人源干细胞产品非临床研究技术指导原则》两部文件，提出了对基因修饰细胞与人源干细胞治疗产品非临床研究和评价的特殊考虑和要求。面向基因修饰细胞治疗产品，在制定非临床研究计划时，除对细胞制品的一般要求外，还应结合拟定适应证、患者人群、给药途径和给药方案等方面，充分表征产品的药理学、毒理学和药代动力学特征。在进行风险获益评估时，还应重点关注由非临床向临床过渡时非临床研究的局限性和风险预测的不确定性。干细胞产品的有效成分是具有一定生物学功能且具有不同程度分化潜力的细胞，基于干细胞产品治疗机制、体内活性和毒性的特殊性，指南提出了细胞来源、生物学特性、作用机制、生产过程、非细胞成分、成瘤性与致瘤性风险等非临床研究重点考虑因素，成为近年来我国持续制定、完善细胞产品的非临床技术指导原则的又一成果。

在临床技术研究与评价方面，国家药监局坚持以患者为中心、以临床价值为导向的药物研发和审评理念，发布了免疫细胞治疗、干细胞治疗以及关键子领域（如CAR-T细胞治疗产品、间充质干细胞）的临床试验技术指南，如《免疫细胞治疗产品临床试验技术指导原则（试行）》考虑到免疫细胞治疗产品在体内存活时间较长的特点，将缓解持续时间、无进展生存时间、总生存时间等反映该产品有效性持续时间的指标纳入临床疗效考虑，以更好地了解产品特征和长期获益。《人源性干细胞及其衍生细胞治疗产品临床试验技术指导原则（试行）》对干细胞备案制临床试验结果用于药品注册性临床研究的评价要点展开探讨，提出了工艺质量的一致性、临床试验的合规性以及临床试验数据的完整性、可导向性都应作为重要的评价要素。

此外，CDE还于2023年12月颁布了《细胞和基因治疗产品临床相关沟通交流技术指导原则》，旨在为细胞和基因治疗产品临床研发过程中沟通交流的资料准备和临床研发要素考虑提出建议，将进一步助力相关产品临床研发的顺利高效推进。

（二）细胞治疗产品生产质量管理

2019年，我国颁布了国内首部针对细胞治疗产品的生产管理准则《GMP附录——细胞治疗产品》（征求意见稿），弥补了我国细胞治疗生产质量控制法规层面与技术层面的空白，首次提出了细胞治疗产品生产过程中人员、厂房设施/设备、物料管理、生产管理以及环境管理等方面应遵循的一般原则和特殊要求。

我国首款细胞治疗产品在2021年上市后，相关生产质量监管政策也迅速跟进。2022年，国家药监局食品药品审核查验中心颁布《细胞治疗产品生产质量管理指南（试行）》，指导药品上市许可持有人规范开展细胞治疗产品生产与质量管理，保证生产过程中产品的质量，同时，也为细胞治疗药物研发企业提供了更清晰的研发、生产与发展路径。从内容来说，管理指南对细胞治疗产品从供者运输、接收、产品生产、检验以及成品放行、储存和运输全流程进行了明确说明，与2019年相比，多项条款也做出了更详尽的规定。

（三）细胞治疗产品上市后监管

对于细胞治疗产品的上市后监管，当前，在《中华人民共和国药品管理法》《药品注册管理办法》等上位法中规定持有人应当持续主动开展药品上市后研究，对药品的安全性、有效性和质量可控性进行进一步确证，细胞治疗也遵循这些规定。而在针对性的监管模式和内容方面，由于细胞治疗产品的治疗方式、体内活性特征与作用特征与传统小分子或生物大分子药物有较大区别，目前该类产品在人体大规模应用的经验比较缺乏，因此我国在相关方面目前仍然处于积极探索阶段。在《免疫细胞治疗产品临床试验技术指导原则（试行）》与《人源性干细胞及其衍生细胞治疗产品临床试验技术指导原则（试行）》等文件中已经进行了一定程度的规范，上市后通过收集真实世界数据，将有助于进一步观察产品的长期疗效，发现罕见的不良反应等，真实世界有效性和安全性信息应通过定期安全性更新报告（PSUR）或药品再注册等途径与监管部门进行沟通。

三、细胞治疗质量控制

细胞治疗产品的产品来源、作用机制、体内作用过程与代谢特点与传统小分子或生物大分子药有显著区别，在制备流程与生产环节也具有其特殊性，我国针对细胞治疗产品的监管体系和评价方法不断完善、跟进，以适应技术进步和产业发展需求。目前，我国满足“质量稳定、疗效确切、安全可控”的细胞产品尚无法满足患者对新治疗手段的临床需求[411]，也是我国现阶段细胞治疗产业发展的主要矛盾，这对我国监管体系、政策与制度的建设与完善提出了更高的要求。

对于细胞药物来说，CMC不再是“Chemistry，Manufacture and Control”，而是“Cell，Manufacture and Control”。细胞是活的，来自于人体的，这些细

胞样本是高度个性化的，生产过程也会涉及多环节的质量和风险把控，这些特性对生产工艺的稳定性、一致性以及质量的可控性形成挑战。当前，细胞质控的评价要素主要针对不同类型细胞共性的“四大类”质量属性，即基本生物学属性（或基本细胞生物学属性）、微生物学安全性、生物学安全性和生物学有效性[412]。其中，基本生物学属性是指客观反映其鉴别、活性、纯度、均一性等质量要求的细胞生物学特性。微生物学安全性是所有细胞制品均应遵循的质量要求，相关质控包括无菌（真菌、细菌）和无支原体、病毒及相关微生物代谢产物污染。其中，病毒污染包括种属特异病毒（如人源病毒、制备过程中可能引入的各类动物源性病毒）、内外源逆转录病毒，以及所有非特异性病毒，而微生物代谢产物的代表是细菌内毒素。生物学安全性指的是由遗传学或表观遗传学变异，或由制备过程导致的细胞生物学特性改变相关联的安全性，包括细胞进入体内可能存在的成瘤性、致瘤性等问题，以及异常免疫反应、异常分化等安全问题。生物学有效性是与临床治疗效果相关的各种生物学特性的总和，是临床前研究阶段用于预测临床治疗有效性的重要质量标准，主要分类包含分化功能、免疫调控功能、组织再生功能等。

细胞质控是细胞治疗临床应用安全、有效、质量可控的重要保障，因此受到政府和科学团队的广泛重视。在国家层面，国家药监局制定的《细胞治疗产品研究与评价技术指导原则（试行）》《细胞治疗产品生产质量管理指南（试行）》对细胞治疗产品药学质量研究和生产质量控制等方面进行了规范，原国家卫计委与原国家食品药品监督管理总局颁布的《干细胞制剂质量控制及临床前研究指导原则（试行）》、国家药监局药审中心《免疫细胞治疗产品药学研究与评价技术指导原则（试行）》中也均有针对性地对具体细胞类型产品的质量管控进行规范。行业协会联合制定了多项质控相关的专家共识与团体标准。例如，中国细胞生物学学会与中国科学院广州生物医药与健康研究院围绕治疗性细胞评估要点及标准，在细胞特性和纯度、生物学安全性、生物学效力等方面达成专家共识；我国牵头制定的国际标准化组织（ISO）系统中首个干细胞的标准《人和小鼠多能性干细胞通用要求》，此外还包含人神经前体细胞、人肠癌类器官、人肠道类器官等干细胞及其衍生物关键质量属性的团体标准。

我国在临床质量标准研究、生产质量管理、质量评价等方面的政策制定已经取得了明显成效，但仍然存在一些问题。一方面，综合性细胞治疗质量体系建设的政策文件还相对较少、内容较粗糙，导致研发人员和相关评审机构仍然缺乏统一的执行标准，增大了沟通和试错成本。另一方面，不同类型细胞和疗法在质量控制与质量管理标准有相似之处，但也因细胞种类、疗法发展进程存在差异，如干细胞质量控制主要包括采集质控、制备质控、院内质控、应用质控四个节点，而基因修饰的体细胞治疗则包括细胞供体质控、培养过程质控、产品临床前评价质控、产品出库质控、产品临床研究应用质控等[413]，多种细胞类型的质控标准研究仍存在不深入、针对性不强、标准制定滞后等问题。

四、展望与建议

我国在细胞治疗监管中已经初步建立了较为完整的监管体制机制和政策体系，为推动我国细胞治疗有序发展奠定了良好的基础。然而，也要看到，目前我国在该领域也存在一系列问题，有待进一步优化和完善。

第一，目前我国监管制度整体仍存在覆盖不全面、针对性不足等问题，监管侧与执行侧也仍然存在需求差和信息差。对此，我国需进一步完善针对不同发展程度和风险等级的细胞治疗的专项技术政策和指南，出台覆盖药学研究、非临床研究、临床研究、上市后研究全生命周期，面向多种细胞治疗产品类型的更具针对性的技术指导原则和评价标准，适应细胞治疗产品技术快速迭代的趋势。

第二，我国应进一步大力推进以质量标准研究为重点的监管科学研究，通过开发高水平的质量控制与评价技术，建立综合性的质量评估体系，促进细胞治疗产品的标准化。

第三，细胞治疗产品的创新性和特殊性决定了监管的复杂性，我国已经颁布了细胞治疗产品研发沟通交流的技术指导原则，未来还应持续加强完善与研发机构的沟通渠道和早期交流机制，在研发阶段为细胞治疗产品提供早期科学建议与指导，同时根据产品和审批阶段特点制定更加高效的监管评审模式，尤其是针对国内原创成果，未有国外相关监管经验可参考的产品，需突破原有监管思维模式，以促进其转化和应用。

第四，探索提升细胞治疗产品可及性的措施。由于细胞治疗产品研发难度较大，且有些产品具有一人一批次的特点，相关成本高昂且适用患者较少，上市产品销售价格大大超出一般疗法单次或短期的治疗费用，我国应进一步探索更多元化的支付模式和支付渠道。

第四章　细胞治疗产业发展现状

第一节　领域发展趋势

全球细胞治疗产业市场广阔，美国 Grand View Research 咨询公司发布的报告显示，从原材料端来看，2022 年全球市场规模已达 34.6 亿美元，2023～2030 年复合年均增长率为 24.47%[414]；从制造设备端来看，2022 年全球自动化封闭式细胞治疗处理系统市场规模为 9.448 亿美元[415]；从产品端来看，2022 年全球细胞治疗市场规模为 47.7 亿美元，预计到 2030 年细胞治疗市场规模将增至 158.9 亿美元，2023～2030 年复合年均增长率将达 16.5%[416]（表 4-1）。

表 4-1　美国 Grand View Research 咨询公司发布细胞治疗产业市场规模

细分领域	2022 年市场规模/亿美元
原材料（培养基、血清等）	34.6
制造设备（自动化封闭式细胞治疗处理系统）	9.448
细胞治疗产品	47.7

细胞治疗的产业体系包括三部分：细胞制备关键原材料和设备、细胞治疗产品研发和生产，以及细胞治疗产品的临床应用（图 4-1）。

细胞制备关键原材料和设备涉及细胞分选（分离系统、流式细胞仪、磁珠等）、细胞改造（质粒、病毒载体、mRNA、转染试剂、电转设备等）、细胞培养（培养基、细胞因子、小分子、生物安全柜、培养箱、细胞工厂、生物反应器等）、细胞收获（消化酶、离心机、洗涤浓缩仪等）、细胞冻存（冻存液、罐装机、程控降温仪、液氮罐等）及质量检测（流式细胞仪、抗体、荧光显微镜、定量 PCR 仪、测序仪、微生物检测设备、洁净环境颗粒物检测设备、内毒素检测设备等）等环节。整个流程可以通过各环节的专用设备协同完成，当前也有公司已经开发出集成各设备功能的自动化全封闭设备，提高了细胞生产过程的标准化、自动化水平，并更好地满足了安全性、无菌性等细胞制备的质量控制要求。目前，相关试剂、耗材、设备市场尤其是中高

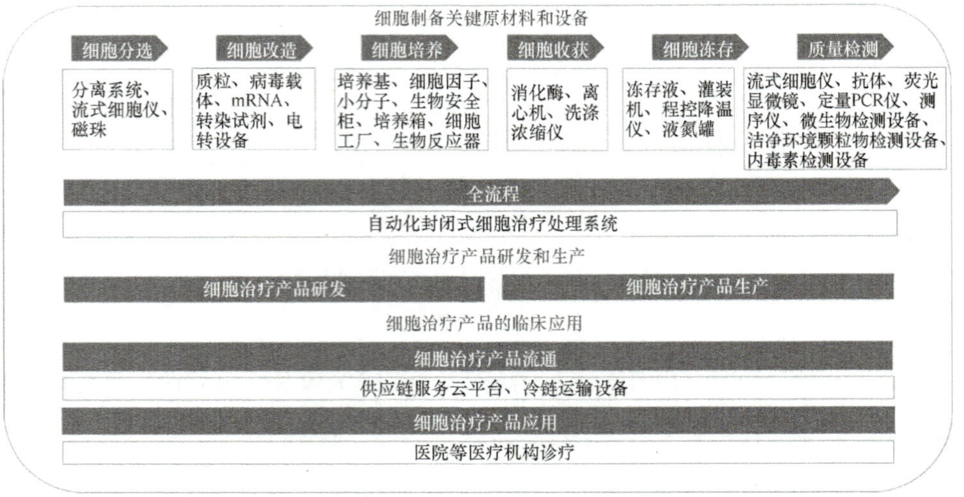

图 4-1　细胞治疗产业体系

端市场主要由美国赛默飞、美国丹纳赫、德国 Miltenyi、瑞士 Lonza、加拿大 STEMCELL 和德国赛多利斯等品牌产品占据，这些企业对细胞治疗中关键环节用到的产品基本实现全覆盖布局。

在细胞治疗产品研发方面，近年来，全球免疫细胞治疗产品加速获批，其中以患者自体 CAR-T 细胞产品在研发数量上遥遥领先，自 2017 年 8 月首款 CAR-T 细胞产品 Kymriah 正式获批以来，全球已有 12 款同类产品上市；TIL 细胞治疗也在 2024 年迎来了全球首款上市产品，美国生物技术公司 Iovance Biotherapeutics 开发的 Amtagvi 获得美国 FDA 批准用于治疗晚期黑色素瘤。TCR-T 细胞治疗也已实现产品零的突破，为英国 Adaptimmune Therapeutics 公司的 afamitresgene autoleucel。与此同时，干细胞产品商业化进程稳步推进，已有 20 余款相关产品获批上市。其中，自体细胞治疗产品占大多数，异体细胞、基因修饰的细胞治疗产品也在最近几年得到快速发展。2024 年底和 2025 年初，美国和中国相继批准本国首个间充质细胞产品上市，即 Mesoblast 公司的 Ryoncil 和铂生卓越的艾米迈托赛注射液，用于治疗急性移植物抗宿主病，成为领域的里程碑。在细胞治疗产品生产方面，限于技术保密、监管风险等因素影响，细胞治疗产品基本是由生物技术企业或药企自建厂房生产，但考虑到相关技术的复杂性，也有企业将工艺过程会使用到的原材料——质粒和病毒载体生产等部分环节外包给更专业的合同开发与制造机构（Contract Development and Manufacturing Organization，CDMO）进行。

在细胞治疗产品的临床应用方面，与传统药品不同，当下获批细胞治疗产品多为自体细胞，非“现货”供应。供体材料由医疗机构从患者体内获得，经药企生产加工制备成细胞治疗产品后，由物流企业全程冷链配送至医疗机构，回输患者体内，形成闭环式供应链。鉴于细胞治疗产品供应链的物流管理涉及多个环节不同的责任主体，具有较高的复杂性，国际上也已有企业开发了相关供应链服务系统，如美国 BioLife Solutions、美国 Vineti 公司提供的云平台，便集成了冷链和数据管理服务[417]。

第二节　中国发展现状

近年来，我国细胞治疗产业呈现出蓬勃发展的态势，已批准 6 款 CAR-T 细胞治疗新药上市，成为生物医药领域极具潜力的新赛道，也是跟国际水平接轨最近并有望领跑的生物医药新质生产力。国内尚未有权威机构给出我国细胞治疗产业市场规模评估数据，2023 年《人民日报》的一篇报道中提到预计未来 10 年将成为国内细胞治疗产业的快速增长期，我国细胞治疗市场空间将由2021年的13亿元增长至2030年的584亿元，年均复合增速高达53%[418]。以下分环节对我国发展现状进行详述。

一、关键原材料和设备开发

在关键原材料和设备开发方面，尽管国内产业整体发展起步较晚，部分中高端产品仍然以进口为主，但国产品牌也在加紧仿制和创新。其中通过技术创新，部分产品已经打破国外垄断格局，逐步实现国产替代，但在部分领域，我国当前自主研发的产品在产品性能、产品品类丰富度等方面仍与进口产品有较大差距，未来仍亟待进行进一步技术攻关。

（一）关键原材料

1. 免疫磁珠

细胞治疗产品制备过程中，免疫磁珠主要用于细胞分选以及 CAR-T 生产中的T细胞激活，是影响产品生产成本的重要因素之一。定价120万元的复星凯特的CAR-T产品奕凯达，成本构成中最贵的单品就是关键原材料——细胞分选磁珠，高达12 000美元。当前免疫磁珠市场主要被德国Miltenyi、美国赛默飞、美国BD Biosciences、加拿大STEMCELL Technologies等龙头企业垄断，主流产品包括MACS MicroBeads（纳米级）、Dynabeads（微米级）系列等。

免疫磁珠的开发依赖于结合特定应用技术需求对磁性颗粒的理化性质和抗体进行定制和研发，且还需要开发批量化工艺以将抗体连接到功能化磁性颗粒上，建立符合药物生产规范的质量管理体系，并能保证免疫磁珠在保存介质和使用过程中的良好分散性和抗体活性。随着国内相关技术的不断进步，国内企业近年来开发出一系列磁珠细胞分选/激活产品，形成了进口替代趋势，正在逐步走出一条自主创新的国产化道路。例如，同立海源的ActSep®CD3/CD28分选激活磁珠获得了美国FDA的DMF Ⅱ型备案登记，支持细胞药物注册申报。但整体来看，国内免疫磁珠的研发企业数量少，且多数规模较小，产品质量、品牌影响力与国际品牌相差较远，生产工艺基本都处于实验室级别，客户群体主要面向科研用户。规模化生产及修饰工艺开发，尤其是稳定的工艺规程和质量管理体系仍是国产免疫磁珠产品要面临的最核心技术壁垒。

2. 病毒载体

基因转染是CAR-T、TCR-T及CAR-NK等需进行基因工程改造的细胞治疗开发过程中的关键环节，目前主要是基于慢病毒、逆转录病毒或腺相关病毒（adeno-associated virus，AAV）等病毒载体将目的基因或CRISPR系统导入细胞。病毒载体具有转导效率高、对细胞损伤小等无法替代的优势，但病毒载体生产过程复杂且成本较高，且目前广泛使用的慢病毒载体（Lentivirus vetor，LVV）、逆转录病毒载体（retroviral vector，RVV）和AAV载体递送基因大小有限制，慢病毒还具有随机插入性，易引起安全性问题及产品均一性等问题。另外，病毒载体生产的高成本也是CAR-T等细胞治疗产品成本居高不下的因素之一。根据文献报道，生产单人份CAR-T细胞成本约为 8 万美元，所用病毒载体的 GMP 生产约占总成本的 30%。

英国 Oxford Biomedica、美国 Catalent、美国赛默飞、瑞士 Lonza、美国 Charles River 等供应商是全球病毒载体的主要来源。其中，英国 Oxford Biomedica 是全球慢病毒载体生产的领头羊，全球首个获批的 CAR-T 细胞治疗所使用的慢病毒载体来自瑞士诺华公司公司，该公司还与美国百时美施贵宝的子公司巨诺医疗等公司建立了合作伙伴关系。国内的病毒载体提供商包括药明生基、博腾生物、金斯瑞、和元生物、宜明细胞及云舟生物等，已为合源生物、恒瑞源正、南京卡提、凯地医疗、蓝盾生物、科金生物、毕诺济及美国 Cabaletta Bio 等国内外多家企业提供病毒载体相关服务，其中，2023 年药明生基已顺利完成一系列质粒及病毒载体在美国 FDA 的 DMF 备案，有助于加快海外申报批准进程。此外，随着病毒载体的需求量日益增长，制药企业也开始自主生产病毒载体，如强生、阿斯利康、BMS、吉利德和瑞士诺华公司等大型药企纷纷布局病毒载体，建立生产线或收购相关病毒生产商。2022 年，美国吉利德旗下 Kite Pharma 公司位于加利福尼亚州的 RVV 制造厂获 FDA 批准进行商业生产。在我国，驯鹿生物、科济药业、恒润达生、亘喜生物等均可以自主生产慢病毒载体。例如，科济药业在上海徐汇、金山及美国达勒姆市的生产基地，均能够独立地生产慢病毒载体以支持全球的临床试验。恒润达生也已成功搭建病毒载体规模化制备平台，其年产能可支持超过 10 000 例患者的需求。总体来看，国内不论是病毒载体的服务商还是制药企业均在完善病毒载体的商业化生产布局，将有望满足国内日益增长的病毒载体临床研究和商业化产能需求。

3. 细胞培养基

细胞培养基为细胞培养过程提供所需要的营养物质，是细胞生长和产物合成的基础。目前，我国细胞培养基市场长期由国外大型企业垄断，美国赛默飞、德国默克、美国丹纳赫、日本富士、瑞士龙沙几大品牌合计占约 85% 的市场份额。

从细分市场来看，根据营养成分的不同，可分成天然、半合成和合成培养基，根据蛋白/多肽提取物等不确定成分的含量，可分成含血清培养基、低血清培养基、无血清培养基、化学成分限定培养基等。其中，无血清培养基多是专用的，用于培养特定类型的细胞，且绝大部分的无血清培养基配方保密。该类培养基研发门槛较高，国内起步较晚，近年来陆续取得一些进展。例如，依科赛生物在无血清培养基研发方面投入较大，有多款适合免疫细胞和干细胞的培养基产品已申报DMF。但可以看到，部分针对重要细胞类型（如神经细胞等）的无血清培养基产品尚未实现国产替代，且相关新品种培养基研发缓慢，仍依赖于进口。

进一步从培养基原材料端来看，在天然培养基中，牛血清是细胞培养中最常用的，我国牛血清市场需求大，早期高度依赖于进口，尤其是品质最高、技术难度最大的胎牛血清。之后，基于国家疫病防控要求，南美洲、北美洲地区牛血清禁运后，几乎只能从澳大利亚或新西兰进口，牛血清使用易受到断货影响，价格也居高不下。为解决相关问题，近年来国内加大了对牛血清生产技术的研究，也有企业已推出成熟的胎牛血清产品。国产牛血清具有一定的价格优势，拥有一定的忠实用户和市场份额，但基于技术限制和质量标准体系不完善等因素，相关产品批次之间质量存在波动，内毒素含量相对偏高，可用于部分肿瘤细胞的培养，但无法满足干细胞的培养需要，且使用过程中也可能出现细胞形态发生变化、细胞生长状态不好等现象。在合成培养基中，其原材料主要是碳水化合物、氨基酸、维生素、微量元素等，要求为药用级别，国内目前主要以进口为主，国内企业仅可提供少量药用级别氨基酸，实现部分替代。另外，无血清培养基中通常需要添加一些额外的组分帮助细胞生长，包括激素、细胞因子、贴壁因子、酶抑制剂以及结合蛋白等。国内已有许多企业如义翘神州、百普赛斯、同立海源、近岸蛋白等推出相关产品，但相应的产业链的整合尚不充分，各自只能提供部分产品，尚无赛默飞这样的整合型供应商。同时，受制于企业发展大多处在早期，质量管理体系仍不成熟，难以提供质量稳定可靠的产品。例如，纤连蛋白、胶原蛋白等贴壁因子，用于中止胰酶消化作用的胰酶抑制剂，转铁蛋白等结合蛋白存在的共同问题是蛋白质纯度有待进一步提高。而细胞因子是一类通过结合相应受体调节细胞生长、分化和效应，调控免疫应答的小分子蛋白质，种类繁多。当前，国内企业虽然已推出细胞因子相关产品，但整体来看国产产品种类并不齐全，另外部分产品还存在效价低、稳定性不好等问题，国产产品无法实现对进口产品的完全替代。

4. 冷冻保存液

冷冻保存技术是生物医学研究和临床治疗的重要技术支撑，在细胞治疗产品输注前对其进行冷冻保存是标准做法。在冻存过程中，为避免冷冻或复温过程中细胞内外形成的冰晶及胞内外溶液冻结不同步引起的细胞损伤，通常需选择合适的冷却速度以及添加冷冻保存液。其中，冷冻保存液中添加的冷冻保护剂可防止由细胞内液冰晶形成、渗透压改变、细胞结构紊乱等导致的细胞损伤。

目前国际上生产临床应用的细胞冷冻保存液的企业主要有美国 BioLife Solutions、德国 Sartorius、日本 Zenoaq、德国 WAK-Chemie Medical，其中，BioLife Solutions 公司研发的 CryoStor 和 HypoThermosol 系列冻存液已应用于 500 多项临床研究中，其冻存效果和安全性得到了广泛的验证，作为公认的样本冷冻和存储媒介的金标准，该系列产品是许多临床研究者的首选细胞及组织优质冻存液。美国首批批准的 CAR-T 细胞治疗产品 Yescarta 的终产品制剂中便采用 CryoStor® CS10 冻存液（10% DMSO）。丹麦皇家医院也明确将 CryoStor® CS10 冻存液纳入治疗干燥综合征导致干眼症的间充质干细胞疗法。我国目前虽有较多的企业可生产冷冻保存液，但生产临床应用的细胞冷冻保存液的企业相对较少。南京三生生物公司打破了国内市场被国外冷冻保存液垄断的局面，研发出中国首款治疗用细胞冷冻保护剂“亘诺”，其冻存复苏存活率>90%，经过多家细胞治疗类研发公司验证，冻存复苏后的细胞活性高于国际同类产品 30%以上，已经与多家药企开展细胞制剂的联合申报。

5. 细胞原材料/细胞库

细胞治疗的细胞原材料可来自自体、异体，自体来源的细胞原材料在采集完成后需及时进行产品制造并回输患者，而异体细胞通常来源于健康人群，在用于患者治疗前一般需对其进行较长时间的存储和扩增，供后续治疗应用。

从存储模式上看，传统的深低温样本存储模式因存储操作烦琐、样本数据难管理、人工成本高等问题，易造成误差、样本污染及反复冻融等现象，严重影响细胞质量。因此，亟须利用自动化和智能化的新技术和产品来建立一体化的自动冻存系统，来应对相关样本保存和管理挑战，提升样本存储质量、稳定性和安全性。目前市场上的生物样本自动化存储设备基本被国外品牌垄断，且价格昂贵，每台设备高达百万欧元。近两年我国已有多款自动存储系统产品成功推出，旨在打破垄断，如北科旗下全自动低温存储系统BioArchive、原能生物旗下的全自动深低温生物样本存储系统 BSN-600 等及华大智造推出的自动化液氮存储系统 MGICLab-LN 系列等。

在细胞库的建设方面，目前国内可划分为三大竞争梯队。以中源协和、博雅干细胞、北科生物为代表的第一梯队企业进入市场最早，地理辐射范围更广，同时通过国际性行业规范认证，具有较高的建库质量，对整体市场规范化发展具有引导性作用。以四川新生命、南京新百、中国脐带血库集团为代表的第二梯队企业发展起步时间略晚，具有显著区域性特性，获得了当地的政策支持，因此凭借较强的地域发展优势带动了当地细胞产业的发展。此外，当前还有一批小型企业或跨界转型企业也进入这一市场，质量参差不齐且业务模式多样。其中，中源协和和南京新百为 A 股主板上市公司，中国脐带血库集团是纳斯达克上市公司，每家每年细胞存储业务收入都超过 5 亿元人民币，每个库的存储量均已超过 30 万份，均进入世界最大的细胞资源存储库行列。但国内的细胞库企业，主要以干细胞储存等业务为主，在目前的药品生产规范限制之下，尚未参与到细胞药物的开发中来，各细胞治疗企业仍主要使用自建的源头细胞库。

除此之外，细胞存储作为细胞治疗的上游，相关标准的建立与认证对于保证后续细胞治疗过程中对人体的安全有效性发挥重要作用。目前全球市场多以 AABB、FACT 等认证为公认的权威标准，我国已有多家机构获得了 AABB 的认证，如北科生物和博雅干细胞、沈阳细胞中心、上海莱馥以及位于香港的世界最大的国际自体免疫细胞库亚洲综合细胞库等。2023 年 9 月，我国发布了首个人源干细胞国家标准《生物样本库多能干细胞管理技术规范》（GB/T 42466—2023），涵盖了干细胞采集和接收、复苏和培养、冷冻与储存、质量控制等方面。这一国家标准的发布，标志着我国在干细胞样本库管理上有了标准技术支撑，对于推动我国干细胞研究和应用的规范化、标准化发展具有重要意义，也为干细胞领域后续相关标准的制定提供了先行示范。

（二）设备

1. 生物反应器

在对细胞进行改造后，还需要对其进行大规模的扩增，才能获得满足治疗要求的细胞量，扩增是细胞产品制备整个工艺步骤中最耗时，也是极为关键的一个环节。依据扩增培养规模，细胞培养系统从小到大包括细胞培养皿、摇瓶、细胞工厂等，再就是适合大规模培养的生物反应器。除了生物反应器，其他耗材设备技术壁垒相对较小。而生物反应器类型众多，适用于不同类型细胞产品的扩增。其中利用摇摆式生物反应器进行细胞扩增，是目前 CAR-T 细胞培养的主要技术路径[419]，而基于微载体的搅拌悬浮式生物反应器则为干细胞工业级扩增提供了可行的方案，以下聚焦这两种生物反应器进行进一步分析。

摇摆式生物反应器由细胞培养袋和摇动控制平台两部分组成，目前，摇摆式生物反应器市场主要被美国思拓凡、德国赛多利斯、美国赛默飞等几家龙头公司占领，获得细胞治疗企业青睐。培养袋中的半透截流膜材是其中的技术核心和难点之一，思拓凡、赛多利斯等国外品牌都有相应专利保护，我国也已有一批企业推出了摇摆式生物反应器产品，并尝试在膜材等底层技术方面实现自主创新和稳定量产。与此同时，为满足 GMP 要求，自动化、全封闭培养是关键，其中用于细胞培养参数的在线传感的一次性传感器的开发，以及基于细胞参数的生物反应器技术参数如摇摆角度、速度、流速等的自动调整，这些都是保障细胞治疗产品扩增质量的关键，关于自动在线传感和控制反馈技术，我国还需进一步在关键硬件和软件开发方面进行源头技术攻关。

搅拌悬浮式生物反应器市场同样被大量欧美品牌占据，虽然我国已有企业推出国产生物反应器产品，但其中包括搅拌、阀门、在线仪表、DCS 控制系统等仍高度依赖进口。另外，对利用基于微载体的搅拌悬浮式生物反应器的干细胞扩增过程来说，选择合适的微载体也是保证细胞数量和质量的关键变量。我国在微载体开发方面，具有一定的基础，面向扩增过程中的细胞异质性、贴附率、产量等问题，进行源头技术创新，并已有企业推出商业化的微载体产品，获得国际认可，如华龛生物3D TableTrix®微载体获FDA的DMF Ⅱ型资质备案，支持细胞治疗药物的生产制备。

2. 程序降温仪

在样品转移到液氮前的准备阶段，需要利用程序降温仪对细胞制品进行程序降温，从而避免快速降温带来的细胞损伤。长期以来我国程序降温仪主要被美国赛默飞、澳大利亚 CryoLogic、日本 STREX、奥地利 SY-LAB、法国卡苏等国外品牌所垄断。近年来，我国海尔生物、中科美菱等国内企业先后实现核心技术突破，逐步实现相关设备进口替代。其中，海尔生物自主研发了超低温制冷核心技术，实现–196～8℃全温域覆盖，并在复叠式低温制冷系统设计、多级制冷混合制冷剂制备、高效换热技术以及恒温控制技术等核心技术的研发上处于领先水平。2022年，海尔生物自主研发的程序降温仪经山东省药品监督管理局批准，获得二类医疗器械注册证书，这是我国首个国产程序降温仪医疗器械注册证书，填补了我国高端医疗器械产业在程序降温仪领域的空白。中科美菱自成立以来高度重视低温存储设备技术的投入和研发，突破了超低温制冷的核心技术并实现了规模化量产，掌握了以深冷混合工质节流制冷技术为代表的深冷存储产品技术。整体来看，我国程序降温仪自主研发能力正在逐步增强，但可作为高端医疗器械的程序降温仪生产企业数量依然极少，未来行业还有较大进步空间。

3. 封闭式自动化设备

目前，细胞治疗产品的制造过程涉及多个操作步骤，在标准化、无菌、稳定性等方面较难实现控制。因此，亟须一种可重复、可扩展的方案来进行临床级细胞制品的生产。国家药监局在2022年发布的《免疫细胞治疗产品药学研究与评价技术指导原则（试行）》中也建议尽量采用自动化的、连续的、封闭或半封闭的生产设备以保障产品质量。封闭式自动化生产设备就是基于这一目标而开发的设备。

目前市场上已经有多款封闭式自动化细胞治疗处理系统可供选择，并在不断升级功能，如德国 Miltenyi 的自动化、封闭式、多功能细胞生产平台 CliniMACS Prodigy，瑞士 Lonza 的 Cocoon，美国 Cellares 的 Cell Shuttle 和以色列 Adva 生物技术的 ADVA X3 等。

在我国，2017 年 11 月，博雅控股集团旗下的赛斯卡医疗推出了 CAR-TXpress™平台，这是全球第一条全自动、全封闭的临床级 CAR-T 细胞 CMC 生产线，整合了多元化、自动化流程，包括 T 细胞的分离、纯化、培养、洗涤以及单盒式自动冷冻保存和检索，可将细胞分离制备时间从 6～8h 缩短至 2h，成本降低至原来的 1/5～1/3。此外，在自主开发方面，以深研生物、苏州欣协生物、赛桥生物为代表的企业实现技术突破，打破国外对该设备市场垄断格局。深研生物推出的 CellSep PRO 全封闭自动化细胞处理系统，近年来已经被 10 家企业应用于Ⅰ期、Ⅱ期、Ⅲ期的临床研究，有近 20 家企业将系统应用于 IIT 阶段并已准备或正在进行 IND 申请。苏州欣协生物自主研发的全自动细胞制备系统 SophCyte Kunlun 与国外同类产品相比功能无差，价格仅为国外产品的一半。赛桥生物的 Gentle Flex 系列全封闭大体积细胞处理系统，成功获得美国 FDA 的药物主文件 DMF 备案，赛桥生物成为国内首家获得 FDA 公开披露的关于细胞与基因治疗国产装备的备案产品。中博瑞康，作为国内最早期的细胞药物制备全流程国产化多模块装备的品牌，也是首个运用多通道连续流技术、人工智能及图像识别处理技术实现 GMP 级别细胞制备一体机工作创新系统的品牌。

二、细胞治疗产品研发和生产

（一）免疫细胞产品

2017 年全球首个 CAR-T 产品的获批开启了癌症免疫细胞治疗的新阶段，目前已有 13 款 CAR-T 产品获批，都是用于治疗血液瘤。其中，美国 FDA 批准 7 款，首个 CAR-T 产品 Kymriah 来自于瑞士诺华公司，美国吉利德科学公司和美国百时美施贵宝公司各有两款产品上市，另有一款来自我国的传奇生物，授权于美国强生旗下的杨森公司。美国吉利德的 Yescarta 是 CAR-T 疗法的首个重磅炸弹，在 2022 年、2023 年的收入分别达到 11.6 亿美元和 15 亿美元，目前该公司仍主要围绕血液瘤开发单靶点或双靶点的 CAR-T 产品。除了 Kymriah，瑞士诺华公司基于 T-charge 技术开发了一款 CAR-T 产品 YTB323，不仅可以显著缩短自体CAR-T细胞生产时间，还可以降低剂量，已进入Ⅲ期临床研究阶段。此外，美国 A2 Biotherapeutics 公司、澳大利亚 Chimeric Therapeutics公司、美国Lyell Immunopharma公司、美国Arsenal Bio公司、美国Precigen公司、德国BioNTech公司、美国AffyImmune Therapeutics等多家企业正针对 CAR-T 细胞进行不同方式的改造以实现在实体瘤领域的突破。TCR-T细胞治疗也已实现产品零的突破，为英国Adaptimmune Therapeutics公司的afamitresgene autoleucel。此外，美国TScan Therapeutics、德国Medigene公司、荷兰Neogene Therapeutics（被英国阿斯利康公司收购）及美国PACT Pharma 等公司也均在进行临床阶段产品的开发。国际上布局 CAR-NK 细胞治疗的公司包括美国ImmunityBio、美国Celularity、美国Nkarta、美国Fate Therapeutics、美国Artiva Bio等，最快的已开展Ⅱ期临床，大多正处于临床Ⅰ期。在TIL细胞治疗领域，美国Iovance Biotherapeutics公司处于领先地位，其开发的 Amtagvi 已获得美国 FDA 批准上市。此外，还有美国 Obsidian Therapeutics、美国Lyell Immunopharma、英国Achilles Therapeutic、美国Instil Bio、加拿大Turnstone Biologics、美国AgonOx 及美国Intima Bioscience等企业也正开发新一代的TIL细胞治疗。

近十年来，随着以CAR-T细胞为代表的免疫细胞治疗技术在癌症领域取得成功，国内多家免疫细胞治疗新兴企业纷纷成立，快速推动了我国该领域的发展。2021年我国快速迎来首个CAR-T细胞治疗产品的获批上市，截至目前，复星凯特、药明巨诺、传奇生物、驯鹿生物、合源生物和科济药业六家国内企业均已顺利步入商业化阶段。其中，复星凯特生物科技有限公司拥有中国首个上市CAR-T细胞治疗产品奕凯达，该产品引进自美国Kite Pharma的Yescarta，已成功治疗超500位复发/难治性大B细胞淋巴瘤患者。复星凯特是复星医药与美国吉利德科学旗下Kite Pharma公司的合营企业，目前其研发管线还包括多款涵盖了肿瘤和自身免疫性疾病的CAR-T在研产品。药明巨诺拥有中国首个获批为1类生物制品的CAR-T产品倍诺达（瑞基奥仑赛注射液），该产品是在美国百时美施贵宝的子公司巨诺医疗的CAR-T细胞工艺平台的基础上自主开发的。另外，该公司还有多款针对血液瘤、实体瘤和自身免疫性疾病的CAR-T产品已进入临床研究阶段，并在上海和苏州建立了生产基地，其中苏州生产基地每年可生产达 5000 批次的自体 CAR-T 产品。传奇生物是全球首批以 BCMA 为靶点设计 CAR-T 疗法的公司之一，与杨森公司共同开发以 BCMA 为靶点的 CAR-T 产品西达基奥仑赛已在美国、欧盟及日本先后获得上市批准，后续还将继续针对血液瘤和实体瘤探索建立 CAR-T、CAR-NK、CAR-γδT 和非基因编辑 CAR 技术多种平台研发管线。驯鹿生物公司上市获批的伊基奥仑赛注射液是全球首个全人源靶向 BCMA CAR-T 产品，该公司研发管线中还有处于不同研发阶段的涵盖了血液瘤、实体瘤和自身免疫性疾病的 10 余个在研品种。驯鹿生物已建立了从全人源抗体发现、高通量 CAR-T 药物优选、生产技术到临床转化研究的全流程研发平台，以及从质粒、慢病毒载体到 CAR-T 细胞的全流程生产及检定平台，在南京拥有超 10 000m^2 可用于商业及临床生产的国际化产业基地，CAR-T 细胞产能超过 3000 人份/年。合源生物公司全自主开发的纳基奥仑赛注射液（Inaticabtagene Autoleucel）是中国成人白血病治疗领域首个上市的 CAR-T 产品，相对于其他两个产品为国外引进，此产品来自于中国医学科学院血液病医院血液学研究所多年在抗体和细胞治疗领域的研发积累，具有自主知识产权。

在实体瘤方面科济药业取得全球领先进展，用于治疗胃癌、胰腺癌等的靶向 CLDN18.2 的自体 CAR-T 细胞 CT041 是全球首个进入确证性临床试验的实体瘤 CAR-T 候选产品。为攻克实体瘤，科济药业还开发了多项技术平台，如设计表达白细胞介素-7（IL-7）和趋化因子 CCL21 的 CycloCAR T 细胞以及精确靶向肿瘤细胞的 LADAR 平台。此外，还开发了同种异体 CAR-T 平台 THANK-uCAR。在生产方面，依托上海徐汇区的临床生产工厂、上海金山区的商业化 CGMP 生产工厂和美国北卡罗来纳州三角研究园（RTP）的 CGMP 生产工厂，科济药业已建立了包括质粒生产、慢病毒载体生产和 CAR-T 细胞生产的国内和海外的自主生产能力。目前该公司在研的 10 余种 CAR-T 细胞治疗产品不仅包括自体的还包括通用型的，覆盖血液瘤、实体瘤及自身免疫性疾病等领域。在生产方面，合源生物已在天津建成超 7000m^2 的封闭全自动化细胞制备的细胞治疗商业化生产基地，从单采到回输周期为 16～18 天。

与此同时，国内还有大量 CAR-T 细胞治疗企业正处于临床开发阶段，如上海恒润达生、北恒生物、亘喜生物、西比曼、苏州茂行生物、艺妙神州、南京凯地生物、南京蓝盾生物、上海细胞治疗集团、上海优替济生、博生吉医药、先康达生命、上海斯丹赛生物、重庆精准生物、原启生物科技及上海邦耀生物等公司。其中北恒生物、亘喜生物在国内通用型CAR-T疗法开发中具有领先优势。值得一提的是亘喜生物科技的“次日生产”自体细胞CAR-T技术平台FasTCAR技术，该技术将激活、转导和扩增步骤转化为一个单一的“同步激活-转导”步骤，显著缩短了生产时间。

与CAR-T相比，国内专注于TCR-T、CAR-NK及TIL治疗且进入临床阶段的企业相对较少，多数仍处于临床早期。在TCR-T细胞治疗领域，香雪生命、来恩生物、星汉德、因诺免疫、天科雅、恒瑞源正及可瑞生物等已有产品进入临床研究阶段，主要针对实体瘤，其中香雪生命和来恩生物目前较快，已经推进到Ⅱ期临床阶段。国内从事CAR-NK细胞治疗开发的企业中，国健呈诺、先博生物、英百瑞、启函生物等已有产品获得国家药监局批准开展临床试验，启函生物和中盛溯源等致力于以iPSC为来源分化获得NK细胞，先博生物和英百瑞则主要使用外周血来源的NK细胞。国内的TIL疗法产业尚处于起步阶段，目前国内从事TIL治疗的企业中，多为新兴技术公司，尤其是以TIL为核心的沙砾生物、君赛生物和劲风生物等进展较快，已有产品获批进入临床研究阶段。从产品上来看，沙砾生物和君赛生物不仅开发天然TIL治疗，还致力于开发下一代基因修饰的TIL治疗。

（二）干细胞和其他组织细胞产品

全球干细胞产品商业化进程稳步推进，已有20余款干细胞和间充质细胞相关产品获批上市。其中，自体间充质细胞产品占据大部分，异体细胞治疗也在近年来得到快速发展。与此同时，基因修饰的干细胞治疗产品取得重要进展。例如，美国Bluebird公司开发的自体造血干细胞基因疗法Zynteglo（betibeglogene autotemcel）先后在欧盟和美国获批上市，用于治疗β-地中海贫血。日本Sanbio公司开发的一种经过基因修饰的间充质细胞产品SB623，用于治疗外伤性脑损伤，也已获得日本厚生劳动省的产品有条件上市许可。2024年底美国FDA批准了Mesoblast公司的骨髓来源的同种异体间充质细胞疗法Ryoncil上市，用于治疗2个月及以上儿童患者的类固醇难治性急性移植物抗宿主病。

我国正在积极推动干细胞和其他组织细胞产品的开发，自 2017 年 10 月，原国家食品药品监督管理总局发布《生物制品注册分类及申报资料要求（试行）》《药品注册管理办法（修订稿）》，规定将细胞治疗类产品按治疗用生物制品对应类别进行申报以来，已有多款造血干细胞、间充质细胞（脂肪、骨髓、脐带、诱导多能干细胞来源等）产品，以及零星几款 M 类细胞（类似间充质细胞）、人羊膜上皮干细胞、内皮祖细胞、心肌细胞、神经细胞、肺细胞产品获得 CDE 临床试验默示许可。2025 年 1 月，国家药品监督管理局通过优先审评审批程序附条件批准铂生卓越的艾米迈托赛注射液（睿铂生）上市，适应证为 14 岁以上消化道受累为主的激素治疗失败的急性移植物抗宿主病，这是我国首款间充质细胞获批上市，成为我国干细胞领域发展的里程碑。

其中，基因修饰的自体造血干细胞产品为输血依赖型β-地中海贫血治疗带来希望，其最大的优势在于不需要捐赠，不需要异体移植，而且一次治疗可能导致永久性的“治愈”。国内在该领域走在前列的国内企业包括上海邦耀生物科技有限公司、广州辑因医疗科技有限公司、广州瑞风生物科技有限公司、上海本导基因技术有限公司、康霖生物科技（杭州）有限公司等，已有相关候选药物产品进入临床试验阶段。

间充质细胞产品研发获得了最广泛关注，获批进入临床试验阶段的候选药物数量最多。研发企业既包括专注于各类间充质细胞疗法开发的赛莱拉、汉氏联合、博品生物、易文赛生物等，也包括同时拥有肿瘤免疫细胞平台、间充质细胞平台、多能干细胞平台的中源协和、西比曼生物、华夏源、浙江生创等。

除了造血干细胞和间充质细胞产品，也有企业将目光转至其他具有治疗潜力的细胞类型上。例如，北京泽辉辰星生物科技有限公司推出了人胚干细胞来源的 M 类细胞（类似间充质细胞）产品 CAStem 细胞注射液和 M-021001 细胞注射液，获得 CDE 临床试验默示许可，其主要优势为产品种子细胞来源一致且稳定，细胞产品不同批次间生物特性完全一致，产品过程符合 GMP 要求，能满足今后药物的工业化大规模生产。上海赛傲生物则将目光放到人羊膜上皮干细胞（human amniotic epithelial stem cell，hAESC），其由胚胎发育第 8～9 天的囊胚期上胚层分化而来。目前，上海赛傲生物依托中国科学院分子细胞科学卓越创新中心科研团队，联合浙江大学生命科学学院自主研发的人羊膜上皮干细胞产品已获得CDE临床试验默示许可，用于造血干细胞移植后激素耐药型急性移植物抗宿主病的治疗。

另外，内皮祖细胞、心肌细胞、神经细胞、肺细胞等特定组织细胞也有产品获得CDE临床试验默示许可，除肺细胞外，大部分源于iPSC，包括呈诺医学的异体内皮祖细胞（endothelial progenitor cell，EPC）注射液、南京艾尔普的人iPSC来源心肌细胞注射液、浙江霍德生物的人前脑神经前体细胞注射液以及武汉睿健医药的人源多巴胺能前体细胞注射液。这些公司搭建了先进的iPSC平台，推动iPSC来源细胞药物研发。其中，呈诺医学建立了iPSC技术平台，除了内皮祖细胞候选药物，还开发了iPSC来源的其他细胞候选药物，包括用于治疗PSMA靶点去势抵抗前列腺癌的ALF50X、1型糖尿病/脆性2型糖尿病的ALF301以及AMD/干性黄斑ALF401等，但尚未进入临床试验阶段。南京艾尔普建成CRISPR/化学诱导/无动物源性等多元化体系的，基于智能计算驱动的iPSC重编程技术平台，旨在围绕心血管系统、神经系统、运动系统等领域退行性疾病持续性推进“通用现货型”细胞药物开发。浙江霍德生物拥有自主研发的RONA 2.0神经分化技术，从多能干细胞分化获得的FOXG1阳性前脑神经前体细胞具有模拟大脑发育组成、高产量、高纯度、高稳定性等优势，在体内可分化为高成熟度的多种皮层功能性神经细胞，并可整合进已有神经环路。除了获得CDE及FDA临床试验许可并进入首个缺血性脑卒中偏瘫适应证治疗Ⅰ期临床的前脑神经前体细胞产品，公司另有在研用于治疗渐冻症、脊髓损伤的脊髓神经前体细胞以及用于治疗帕金森病的中脑多巴胺神经前体细胞等候选药物，尚处于药物发现阶段。睿健医药拥有化学小分子库、患者特异性iPSC库及细胞定向分化三大核心平台，并在这三大平台的基础上完善了多种细胞治疗管线和药物筛选平台的研发，聚焦神经系统疾病、内分泌与代谢疾病以及眼科疾病等。

三、细胞治疗产品临床应用

（一）细胞治疗产品冷链服务

细胞治疗行业的发展加大了对生物医药冷链服务行业的需求，对

CAR-T、干细胞等细胞治疗产品商业化的不断推进，将带动冷链服务市场的进一步快速增长。据艾瑞咨询数据预计，中国 CAR-T 研发相关的冷链服务规模从 2022 年的 1.1 亿元将大幅增长至 2027 年的 2.9 亿元。

国外生物医药冷链服务行业发展较早，服务模式较为成熟。相比主要发达国家，中国生物医药冷链服务市场和技术的发展则相对落后。近年来，我国医疗体制监管对于生物医药冷链的规范化要求逐步提升，加速了国内生物医药冷链服务行业的专业化发展，随着国内 CAR-T 自体细胞治疗药品开启商业化，由上海医药行业协会及上海药品审评核查中心牵头制定了《自体 CAR-T 细胞药品供应链管理规范》，并于 2021 年 10 月开始实施，填补国内自体 CAR-T 细胞药品供应链监管标准的空白。

从冷链运输技术来看，细胞治疗过程对冷链运输过程中的温度控制和产品安全要求较为严格，以 CAR-T 为例，运输过程中，单采血样需保障全程运输温度控制在 2～8℃范围内，更为严格的成品运输全程的温度需控制在 –60℃/–130℃以下。为保持稳定的环境条件，冷链运输设施设备需能够精确控制温度，并能够符合保持其产品特性的冷链验证要求，如液氮罐、干冰等。目前国际上主要采用液氮进行深低温运输自体 CAR-T 细胞治疗产品，其他一些新兴冷冻保存技术也在不断开发。此外，还需对全流程中药品及样本位置、温度、移动路径等数据进行实时的监控与追踪。因此，冷链运输设施设备还应配置可实时采集、显示、记录、传送、配送过程中的温度数据，具有远程及就地实时报警功能的温度自动监测设备，可实现配送轨迹监控的定位系统，以及防止药品在配送过程中丢失或替换的安全保障措施。目前国际上的专业生物医药冷链服务商主要有美国 Cryoport、美国赛默飞、美国 Catalent、美国 World Courier、美国 Marken 等，其中 Cryoport 与诺华和吉利德/Kite 的 CAR-T 产品提供低温物流支持。在我国，国药物流、九州通物流和生生物流等也已成功为众多患者提供了 CAR-T 冷链运输服务。

为实现对细胞治疗药品的全程信息化管理，还应建立数字化信息平台。国际上已有企业开发了相关信息平台，如美国 BioLife Solutions、美国 Vineti 公司提供的云平台便集成了冷链和数据管理服务。在此方面，我国药明巨诺设计了全球首创、涵盖多达 18 个控制节点的全程同一性追溯系统（COI/COC

系统），并与生产执行系统（MES 系统）对接，打造了一套符合药品生产质量管理规范的可追溯系统。复星凯特也建立了一套全流程双向追溯质量监管系统，成功实现产品上市商业化近两年时间内冷链运输全程“零差错”，惠及全国 20 多个城市的 400 多位患者。

（二）医疗机构应用

细胞治疗应用中获取细胞原材料、回输治疗环节均在医院完成，医院医生的操作水平等因素直接影响到细胞治疗的质量。

关于细胞治疗产品的临床应用，国内只能在经认证的医疗机构进行使用，并由经过培训的医生提供，这些医疗机构大多是一些综合性三甲医院。具体来看，在国内已上市的 CAR-T 细胞产品中，复星凯特的“奕凯达”已成功用于治疗超 600 位复发/难治性大 B 细胞淋巴瘤患者，截至 2023 年 6 月末，该药品已被纳入 87 个省市的城市惠民保和超过 70 项商业保险，备案的医疗机构已达 149 家；药明巨诺也已开具了 259 张“倍诺达”处方，为复发/难治性大 B 细胞淋巴瘤患者完成了 226 例的回输，“倍诺达”已被列入 62 个商业保险产品及 91 个地方政府的补充医疗保险计划，药明巨诺也已为中国 122 家医院完成了评估及培训，并认证这些医院合资格使用其 CAR-T 产品；另外，驯鹿生物的“福可苏”自 2023 年 6 月获批上市之后，已在天津、北京、上海、浙江、广东、江苏、山东、黑龙江等十多个省市开出首批处方。

关于细胞治疗产品的临床研究，我国要求医疗机构进行备案，截至 2023 年底，国家医学研究登记备案平台合计通过 141 家干细胞临床研究机构备案。

四、展望与建议

我国细胞治疗行业发展动力强劲，正在加速迎来收获期，产业前景广阔，有望成为全球领先国家。未来还需要在研发、转化、专利、标准、风险投资、医疗支付等方面进行发力。

在研发方面，建议进一步聚焦产业链关键环节持续寻求技术上的突破，包括高端试剂、设备关键零部件自主创新，细胞治疗产品原创靶点和机制优化深度探析，自动化、规模化细胞生产工艺开发以及临床治疗适应证的拓展等，加速源头创新，完善健全产业链。

在科技成果转化方面，加速细胞治疗行业产学研联动，推进科技成果转化，基础研究是科技创新的总源头，产出高水平原创论文是高水平研究的展示和体现。但高水平论文本身不是目的，更不是成果的终点，需要通过整合细胞治疗研发创新和优质临床资源，规范和推进细胞治疗产品和服务的临床转化。建设高水平临床研究机构、团队和主要研究者是推动临床转化速度提升的关键。

在专利和标准制定方面，建议推动细胞治疗领域专利标准化战略的实施，加强专利与标准融合，标准作为自然科学技术领域中重要的规范性文件，反映现时科技发展水平，发挥其治理和协调功能，还能鼓励和引导相关产业全领域的技术进步。技术专利化、专利标准化、标准全球化已成为一种技术贸易竞争的新趋势。把细胞治疗领域专利融入标准制定中，将创新优势转化成为市场优势，不仅在创新上抢占先机，同时通过创新建立新的行业标准提升国家细胞治疗行业在国际化竞争中的竞争力，掌握国际标准话语权，享受标准制定者的“红利”，持续保持竞争优势。

在风险投资方面，完善风险投资退出机制，包括重启未盈利公司上市通路，鼓励社会资本进入细胞治疗研发领域，提高细胞治疗风险投资获利和效益。与此同时，除传统的通过 IPO 方式退出外，关注并购、重组等多种退出路径，加速创新，赋能细胞治疗企业的孵化。

在医疗支付体系方面，已上市细胞治疗产品定价均高达百万级别，价格高始终是制约该产品可及性的一个难题。建议进一步对医疗支付体系进行改革，建立多层次医疗保障体系，完善国家基本医保支持政策，促进商业健康保险发展，形成多方共担支付机制，提高细胞治疗产品的可及性。

参考文献

[1] 惠利健. 细胞治疗药物: 基于作用机制的研究和应用. 中国科学: 生命科学, 2023, 53(8): 1067-1071.

[2] Grand View Research. Cell Therapy Market Size, Share, & Trends Analysis Report By Therapy Type (Autologous, Allogenic), By Therapeutic Area (Oncology, CVD, Dermatology), By Region, And Segment Forecasts, 2023 – 2030. [2023-10-29]https://www.grandviewresearch.com/ industry-analysis/cell-therapy-market.

[3] 吴月辉. 细胞治疗产业发展潜力大. [2023-10-29]https://www.cn-healthcare.com/articlewm/2023 0306/content-1520156.html.

[4] Yang J, Chen Y, Jing Y, et al. Advancing CAR T cell therapy through the use of multidimensional omics data. Nat Rev Clin Oncol, 2023, 20(4): 211-228.

[5] Gottschlich A, Thomas M, Grünmeier R, et al. Single-cell transcriptomic atlas-guided development of CAR-T cells for the treatment of acute myeloid leukemia. Nat Biotechnol, 2023, 41(11): 1618-1632.

[6] Das S, Valton J, Duchateau P, et al. Stromal depletion by TALEN-edited universal hypoimmunogenic FAP-CAR T cells enables infiltration and anti-tumor cytotoxicity of tumor antigen-targeted CAR-T immunotherapy. Front Immunol, 2023, 14: 1172681.

[7] Good CR, Aznar MA, Kuramitsu S, et al. An NK-like CAR T cell transition in CAR T cell dysfunction. Cell, 2021, 184(25): 6081-6100.e26.

[8] Lynn RC, Weber EW, Sotillo E, et al. c-Jun overexpression in CAR T cells induces exhaustion resistance. Nature, 2019, 576(7786): 293-300.

[9] Daniels KG, Wang S, Simic MS, et al. Decoding CAR T cell phenotype using combinatorial signaling motif libraries and machine learning. Science, 2022, 378(6625): 1194-1200.

[10] Weber EW, Parker KR, Sotillo E, et al. Transient rest restores functionality in exhausted CAR-T cells through epigenetic remodeling. Science, 2021, 372(6537): eaba1786.

[11] Jaccard A, Wyss T, Maldonado-Pérez N, et al. Reductive carboxylation epigenetically instructs T cell differentiation. Nature, 2023, 621(7980): 849-856.

[12] Ma L, Hostetler A, Morgan DM, et al. Vaccine-boosted CAR T crosstalk with host immunity to reject tumors with antigen heterogeneity. Cell, 2023, 186(15): 3148-3165.e20.

[13] Zhou X, Cao H, Fang SY, et al. CTLA-4 tail fusion enhances CAR-T antitumor

immunity. Nat Immunol, 2023, 24(9): 1499-1510.
[14] Williams JZ, Allen GM, Shah D, et al. Precise T cell recognition programs designed by transcriptionally linking multiple receptors. Science, 2020, 370(6520): 1099-1104.
[15] Hernandez-Lopez RA, Yu W, Cabral KA, et al. T cell circuits that sense antigen density with an ultrasensitive threshold. Science, 2021, 371(6534): 1166-1171.
[16] Lajoie MJ, Boyken SE, Salter AI, et al. Designed protein logic to target cells with precise combinations of surface antigens. Science, 2020, 369(6511): 1637-1643.
[17] Tousley AM, Rotiroti MC, Labanieh L, et al. Co-opting signalling molecules enables logic-gated control of CAR T cells. Nature, 2023, 615(7952): 507-516.
[18] He C, Mansilla-Soto J, Khanra N, et al. CD19 CAR antigen engagement mechanisms and affinity tuning. Sci Immunol, 2023, 8(81): eadf1426.
[19] Park JH, Nath K, Devlin SM, et al. CD19 CAR T-cell therapy and prophylactic anakinra in relapsed or refractory lymphoma: phase 2 trial interim results. Nat Med, 2023, 29(7): 1710-1717.
[20] Labanieh L, Majzner RG, Klysz D, et al. Enhanced safety and efficacy of protease-regulated CAR-T cell receptors. Cell, 2022, 185(10): 1745-1763.e22.
[21] Foster MC, Savoldo B, Lau W, et al. Utility of a safety switch to abrogate CD19.CAR T-cell-associated neurotoxicity. Blood, 2021, 137(23): 3306-3309.
[22] Dickinson MJ, Barba P, Jäger U, et al. A Novel Autologous CAR-T Therapy, YTB323, with Preserved T-cell Stemness Shows Enhanced CAR T-cell Efficacy in preclinical and Early Clinical Development. Cancer Discov, 2023, 13(9): 1982-1997.
[23] Mougiakakos D, Krönke G, Völkl S, et al. CD19-targeted CAR T cells in refractory systemic lupus erythematosus. N Engl J Med, 2021, 385(6): 567-569.
[24] Mackensen A, Müller F, Mougiakakos D, et al. Anti-CD19 CAR T cell therapy for refractory systemic lupus erythematosus. Nat Med, 2022, 28(10): 2124-2132.
[25] Müller F, Boeltz S, Knitza J, et al. CD19-targeted CAR T cells in refractory antisynthetase syndrome. Lancet, 2023, 401(10379): 815-818.
[26] Müller F, Taubmann J, Bucci L, et al. CD19 CAR T-Cell therapy in autoimmune disease - A case series with follow-up. N Engl J Med, 2024, 390(8): 687-700.
[27] Amor C, Fernández-Maestre I, Chowdhury S, et al. Prophylactic and long-lasting efficacy of senolytic CAR T cells against age-related metabolic dysfunction. Res Sq [Preprint], 2023, rs.3.rs-3385749.
[28] Rurik JG, Tombácz I, Yadegari A. CAR T cells produced *in vivo* to treat cardiac injury. Science, 2022, 375(6576): 91-96.
[29] Dobson CS, Reich AN, Gaglione S, et al. Antigen identification and high-throughput interaction mapping by reprogramming viral entry. Nat Methods, 2022, 19(4): 449-460.
[30] Cattaneo CM, Battaglia T, Urbanus J, et al. Identification of patient-specific CD4 and

CD8 T cell neoantigens through HLA-unbiased genetic screens. Nat Biotechnol, 2023, 41(6): 783-787.
[31] Baulu E, Gardet C, Chuvin N, et al. TCR-engineered T cell therapy in solid tumors: State of the art and perspectives. Sci Adv, 2023, 9(7): eadf3700.
[32] Ali M, Giannakopoulou E, Li Y, et al. T cells targeted to TdT kill leukemic lymphoblasts while sparing normal lymphocytes. Nat Biotechnol, 2021: 1-31.
[33] Kim GB, Fritsche J, Bunk S, et al. Quantitative immunopeptidomics reveals a tumor stroma-specific target for T cell therapy. Sci Transl Med, 2022, 14(660): eabo6135.
[34] Poole A, Karuppiah V, Hartt A, et al. Therapeutic high affinity T cell receptor targeting a KRAS cancer neoantigen. Nat Commun, 2022, 13(1): 5333.
[35] Giannakopoulou E, Lehander M, Virding Culleton S, et al. A T cell receptor targeting a recurrent driver mutation in FLT3 mediates elimination of primary human acute myeloid leukemia *in vivo*. Nat Cancer, 2023, 4(10): 1474-1490.
[36] Wang Z, Ahmed S, Labib M, et al. Efficient recovery of potent tumour-infiltrating lymphocytes through quantitative immunomagnetic cell sorting. Nat Biomed Eng, 2022, 6(2): 108-117.
[37] Arnaud, M, Chiffelle J, Genolet R, et al. Sensitive identification of neoantigens and cognate TCRs in human solid tumors. Nat Biotechnol, 2022, 40: 656-660.
[38] Wang S, Sun J, Chen K, et al. Perspectives of tumor-infiltrating lymphocyte treatment in solid tumors. BMC Med, 2021, 19(1): 140.
[39] Albinger N, Pfeifer R, Nitsche M, et al. Primary CD33-targeting CAR-NK cells for the treatment of acute myeloid leukemia. Blood Cancer J, 2022, 12(4): 61.
[40] Caruso S, De Angelis B, Del Bufalo F, et al. Safe and effective off-the-shelf immunotherapy based on CAR.CD123-NK cells for the treatment of acute myeloid leukaemia. J Hematol Oncol, 2022, 15(1): 163.
[41] Li Y, Basar R, Wang G, et al. KIR-based inhibitory CARs overcome CAR-NK cell trogocytosis-mediated fratricide and tumor escape. Nat Med, 2022, 28(10): 2133-2144.
[42] Daher M, Basar R, Gokdemir E, et al. Targeting a cytokine checkpoint enhances the fitness of armored cord blood CAR-NK cells. Blood, 2021, 137(5): 624-636.
[43] Liu E, Tong Y, Dotti G, et al. Cord blood NK cells engineered to express IL-15 and a CD19-targeted CAR show long-term persistence and potent antitumor activity. Leukemia, 2018, 32(2): 520-531.
[44] Chen J, Qiu S, Li W, et al. Tuning charge density of chimeric antigen receptor optimizes tonic signaling and CAR-T cell fitness. Cell Res, 2023, 33(5): 341-354.
[45] Qiu S, Chen J, Wu T, et al. CAR-Toner: an AI-driven approach for CAR tonic signaling prediction and optimization. Cell Res, 2024, 34: 386-388.
[46] Li W, Qiu S, Chen J, et al. Chimeric antigen receptor designed to prevent ubiquitination

and downregulation showed durable antitumor efficacy. Immunity, 2020, 53(2): 456-470.e6.

[47] Liu Y, Liu G, Wang J, et al. Chimeric STAR receptors using TCR machinery mediate robust responses against solid tumors. Sci Transl Med, 2021, 13(586): eabb5191.

[48] Zhang H, Li F, Cao J, et al. A chimeric antigen receptor with antigen-independent OX40 signaling mediates potent antitumor activity. Sci Transl Med, 2021, 13(578): eaba7308.

[49] Wu W, Zhou Q, Masubuchi T, et al. Multiple signaling roles of CD3ε and its application in CAR-T cell therapy. Cell, 2020, 182(4): 855-871.e23.

[50] Zhang X, Zhang C, Qiao M, et al. Depletion of BATF in CAR-T cells enhances antitumor activity by inducing resistance against exhaustion and formation of central memory cells. Cancer Cell, 2022, 40(11): 1407-1422.e7.

[51] Si J, Shi X, Sun S, et al. Hematopoietic progenitor kinase1 (HPK1) mediates T cell dysfunction and is a druggable target for T cell-based immunotherapies. Cancer Cell, 2020, 38(4): 551-566.e11.

[52] Zhao Y, Chen J, Andreatta M, et al. IL-10-expressing CAR T cells resist dysfunction and mediate durable clearance of solid tumors and metastases. Nat Biotechnol, 2024, 42(11): 1693-1704.

[53] Shi C, Zhang Q, Yao Y, et al. Targeting the activity of T cells by membrane surface redox regulation for cancer theranostics. Nat Nanotechnol, 2023, 18(1): 86-97.

[54] Si X, Shao M, Teng X, et al. Mitochondrial isocitrate dehydrogenase impedes CAR T cell function by restraining antioxidant metabolism and histone acetylation. Cell Metab, 2024, 36(1): 176-192.e10.

[55] Zhai Y, Du Y, Li G, et al. Trogocytosis of CAR molecule regulates CAR-T cell dysfunction and tumor antigen escape. Signal Transduct Target Ther, 2023, 8(1): 457.

[56] Yan X, Chen D, Wang Y, et al. Identification of NOXA as a pivotal regulator of resistance to CAR T-cell therapy in B-cell malignancies. Signal Transduct Target Ther, 2022, 7(1): 98.

[57] Dai Z, Mu W, Zhao Y, et al. T cells expressing CD5/CD7 bispecific chimeric antigen receptors with fully human heavy-chain-only domains mitigate tumor antigen escape. Signal Transduct Target Ther, 2022, 7(1): 85.

[58] Li X, Gong N, Tian F, et al. Suppression of cytokine release syndrome during CAR-T-cell therapy via a subcutaneously injected interleukin-6-adsorbing hydrogel. Nat Biomed Eng, 2023, 7(9): 1129-1141.

[59] Labanieh L, Mackall CL. CAR immune cells: design principles, resistance and the next generation. Nature, 2023, 614(7949): 635-648.

[60] Zhang J, Hu Y, Yang J. Non-viral, specifically targeted CAR-T cells achieve high safety and efficacy in B-NHL. Nature, 2022, 609(7926): 369-374.

[61] An J, Zhang CP, Qiu HY, et al. Enhancement of the viability of T cells electroporated with DNA via osmotic dampening of the DNA-sensing cGAS-STING pathway. Nat Biomed Eng, 2023, 8(2): 149-164.
[62] Zhou JE, Sun L, Jia Y, et al. Lipid nanoparticles produce chimeric antigen receptor T cells with interleukin-6 knockdown *in vivo*. J Control Release, 2022, 350: 298-307.
[63] Wang L, Lan X. Rapid screening of TCR-pMHC interactions by the YAMTAD system. Cell Discov, 2022, 8(1): 30.
[64] Kobayashi E, Jin A, Hamana H, et al. Rapid cloning of antigen-specific T-cell receptors by leveraging the cis activation of T cells. Nat Biomed Eng, 2022, 6(7): 806-818.
[65] Peng X, Lei Y, Feng P, et al. Characterizing the interaction conformation between T-cell receptors and epitopes with deep learning. Nat Mach Intell, 2023, 5: 395-407.
[66] Gao Y, Gao Y, Fan Y, et al. Pan-Peptide meta learning for T-cell receptor-antigen binding recognition. Nat Mach Intell, 2023, 5: 236-249.
[67] Xiong C, Huang L, Kou H, et al. Identification of novel HLA-A*11: 01-restricted HPV16 E6/E7 epitopes and T-cell receptors for HPV-related cancer immunotherapy. J Immunother Cancer, 2022, 10(9): e004790.
[68] Liu Q, Tian Y, Li Y, et al. *In vivo* therapeutic effects of affinity-improved-TCR engineered T-cells on HBV-related hepatocellular carcinoma. J Immunother Cancer, 2020, 8(2): e001748.
[69] Zhang B, Ren Z, Zhao J, et al. Global analysis of HLA-A2 restricted MAGE-A3 tumor antigen epitopes and corresponding TCRs in non-small cell lung cancer. Theranostics, 2023, 13(13): 4449-4468.
[70] Zhang H, Sun M, Wang J, et al. Identification of NY-ESO-$1_{157\text{-}165}$ specific murine T cell receptors with distinct recognition pattern for tumor immunotherapy. Front Immunol, 2021, 12: 644520.
[71] Lu D, Chen Y, Jiang M, et al. KRAS G12V neoantigen specific T cell receptor for adoptive T cell therapy against tumors. Nat Commun, 2023, 14(1): 6389.
[72] Chen P, Chen D, Bu D, et al. Dominant neoantigen verification in hepatocellular carcinoma by a single-plasmid system coexpressing patient HLA and antigen. J Immunother Cancer, 2023, 11(4): e006334.
[73] Xue SA, Chen Y, Voss RH, et al. Enhancing the expression and function of an EBV-TCR on engineered T cells by combining Sc-TCR design with CRISPR editing to prevent mispairing. Cell Mol Immunol, 2020, 17(12): 1275-1277.
[74] Liang W, Yi R, Wang W, et al. Enhancing the antitumor Immunity of T cells by engineering the lipid-regulatory site of the TCR/CD3 complex. Cancer Immunol Res, 2023, 11(1): 93-108.
[75] Ding R, Liu S, Wang S, et al. Single-cell transcriptome analysis of the heterogeneous

effects of differential expression of tumor PD-L1 on responding TCR-T cells. Theranostics, 2021, 11(10): 4957-4974.
[76] Kang S, Wang L, Xu L, et al. Decitabine enhances targeting of AML cells by NY-ESO-1-specific TCR-T cells and promotes the maintenance of effector function and the memory phenotype. Oncogene, 2022, 41(42): 4696-4708.
[77] Zheng L, Qin S, Si W, et al. Pan-cancer single-cell landscape of tumor-infiltrating T cells. Science, 2021, 374(6574): abe6474.
[78] Yan C, Zheng L, Jiang S, et al. Exhaustion-associated cholesterol deficiency dampens the cytotoxic arm of antitumor immunity. Cancer Cell, 2023, 41(7): 1276-1293.e11.
[79] Feng H, Qiu L, Shi Z, et al. Modulation of intracellular kinase signaling to improve TIL stemness and function for adoptive cell therapy. Cancer Med, 2023, 12(3): 3313-3327.
[80] Zheng X, Qian Y, Fu B, et al. Mitochondrial fragmentation limits NK cell-based tumor immunosurveillance. Nat Immunol, 2019, 20(12): 1656-1667.
[81] Zheng X, Hou Z, Qian Y, et al. Tumors evade immune cytotoxicity by altering the surface topology of NK cells. Nat Immunol, 2023, 24(5): 802-813.
[82] Tang F, Li J, Qi L, et al. A pan-cancer single-cell panorama of human natural killer cells. Cell, 2023, 186(19): 4235-4251.e20.
[83] Xu Y, Liu Q, Zhong M, et al. 2B4 costimulatory domain enhancing cytotoxic ability of anti-CD5 chimeric antigen receptor engineered natural killer cells against T cell malignancies. J Hematol Oncol, 2019, 12(1): 49.
[84] He B, Mai Q, Pang Y, et al. Cytokines induced memory-like NK cells engineered to express CD19 CAR exhibit enhanced responses against B cell malignancies. Front Immunol, 2023, 14: 1130442.
[85] Liao C, Wang Y, Huang Y, et al. CD38-Specific CAR integrated into CD38 locus driven by different promoters causes distinct antitumor activities of T and NK cells. Adv Sci (Weinh), 2023, 10(27): e2207394.
[86] Yang S, Cao B, Zhou G, et al. Targeting B7-H3 immune checkpoint with chimeric antigen receptor-engineered natural killer cells exhibits potent cytotoxicity against non-small cell lung cancer. Front Pharmacol, 2020, 11: 1089.
[87] Cao B, Liu M, Huang J, et al. Development of mesothelin-specific CAR NK-92 cells for the treatment of gastric cancer. Int J Biol Sci, 2021, 17(14): 3850-3861.
[88] Wang F, Wu L, Yin L, et al. Combined treatment with anti-PSMA CAR NK-92 cell and anti-PD-L1 monoclonal antibody enhances the antitumour efficacy against castration-resistant prostate cancer. Clin Transl Med, 2022, 12(6): e901.
[89] Da Y, Liu Y, Hu Y, et al. STING agonist cGAMP enhances anti-tumor activity of CAR-NK cells against pancreatic cancer. Oncoimmunology, 2022, 11(1): 2054105.
[90] Liu Y, Hao Y, Chen J, et al. An injectable puerarin depot can potentiate chimeric antigen

receptor natural killer cell immunotherapy against targeted solid tumors by reversing tumor immunosuppression. Small, 2024, 20(25): e2307521.
[91] Hu Y, Feng J, Gu T, et al. CAR T-cell therapies in China: rapid evolution and a bright future. Lancet Haematol, 2022, 9(12): e930-e941.
[92] Neelapu SS, Dickinson M, Munoz J, et al. Axicabtagene ciloleucel as first-line therapy in high-risk large B-cell lymphoma: the phase 2 ZUMA-12 trial. Nat Med, 2022, 28(4): 735-742.
[93] Dickinson MJ, Barba P, Jäger U, et al. A novel autologous CAR-T therapy, YTB323, with preserved T-cell stemness shows enhanced CAR T-cell efficacy in preclinical and early clinical development. Cancer Discov, 2023, 13(9): 1982-1997.
[94] 李护君，徐开林. 嵌合抗原受体 T 细胞免疫治疗 T 细胞恶性肿瘤研究进展. 中华血液学杂志, 2022, 43(4): 349-352.
[95] Shah NN, Johnson BD, Schneider D, et al. Bispecific anti-CD20, anti-CD19 CAR T cells for relapsed B cell malignancies: a phase 1 dose escalation and expansion trial. Nat Med, 2020, 26(10): 1569-1575.
[96] Spiegel JY, Patel S, Muffly L, et al. CAR T cells with dual targeting of CD19 and CD22 in adult patients with recurrent or refractory B cell malignancies: a phase 1 trial. Nat Med, 2021, 27(8): 1419-1431.
[97] Majzner RG, Ramakrishna S, Yeom KW. GD2-CAR T cell therapy for H3K27M-mutated diffuse midline gliomas. Nature, 2022, 603(7903): 934-941.
[98] Del Bufalo F, De Angelis B, Caruana I, et al. GD2-CART01 for relapsed or refractory high-risk neuroblastoma. N Engl J Med, 2023, 388(14): 1284-1295.
[99] Choi BD, Gerstner ER, Frigault MJ, et al. Intraventricular CARv3-TEAM-E T cells in recurrent glioblastoma. N Engl J Med, 2024, 390(14): 1290-1298.
[100] Brown CE, Hibbard JC, Alizadeh D, et al. Locoregional delivery of IL-13Rα2-targeting CAR-T cells in recurrent high-grade glioma: a phase 1 trial. Nat Med, 2024, 30(4): 1001-1012.
[101] Granit V, Benatar M, Kurtoglu M, et al. Safety and clinical activity of autologous RNA chimeric antigen receptor T-cell therapy in myasthenia gravis(MG-001): a prospective, multicentre, open-label, non-randomised phase 1b/2a study. Lancet Neurol, 2023, 22(7): 578-590.
[102] Ellebrecht CT, Bhoj VG, Nace A, et al. Reengineering chimeric antigen receptor T cells for targeted therapy of autoimmune disease. Science, 2016, 353(6295): 179-184.
[103] Oh S, Mao X, Manfredo-Vieira S, et al. Precision targeting of autoantigen-specific B cells in muscle-specific tyrosine kinase myasthenia gravis with chimeric autoantibody receptor T cells. Nat Biotechnol, 2023, 41(9): 1229-1238.
[104] Reincke SM, von Wardenburg N, Homeyer MA, et al. Chimeric autoantibody receptor

T cells deplete NMDA receptor-specific B cells. Cell, 2023, 186(23): 5084-5097.e18.
[105] Mailankody S, Matous JV, Chhabra S, et al. Allogeneic BCMA-targeting CAR T cells in relapsed/refractory multiple myeloma: phase 1 UNIVERSAL trial interim results. Nat Med, 2023, 29(2): 422-429.
[106] Chiesa R, Georgiadis C, Syed F, et al. Base-Edited CAR7 T cells for relapsed T-cell acute lymphoblastic leukemia. N Engl J Med, 2023, 389(10): 899-910.
[107] Diorio C, Murray R, Naniong M, et al. Cytosine base editing enables quadruple-edited allogeneic CART cells for T-ALL. Blood, 2022, 140(6): 619-629.
[108] Hong DS, Van Tine BA, Biswas S, et al. Autologous T cell therapy for MAGE-A4 solid cancers in HLA-A*02 patients: a phase 1 trial. Nat Med, 2023, 29(1): 104-114.
[109] Nagarsheth N B, Norberg S M, Sinkoe A L, et al. TCR-engineered T cells targeting E7 for patients with metastatic HPV-associated epithelial cancers. Nat Med, 2021, 27(3): 419-425.
[110] Leidner R, Sanjuan Silva N, Huang H, et al. Neoantigen T-cell receptor gene therapy in pancreatic cancer. N Engl J Med, 2022, 386(22): 2112-2119.
[111] Foy SP, Jacoby K, Bota DA, et al. Non-viral precision Tcell receptor replacement for personalized cell therapy. Nature, 2023, 615(7953): 687-696.
[112] Rosenberg SA, Packard BS, Aebersold PM, et al. Use of tumor-infiltrating lymphocytes and interleukin-2 in the immunotherapy of patients with metastatic melanoma. N Engl J Med, 1988, 319(25): 1676-1680.
[113] Tran E, Turcotte S, Gros A, et al. Cancer immunotherapy based on mutation-specific CD4+ T cells in a patient with epithelial cancer. Science, 2014, 344(6184): 641-645.
[114] Tran E, Robbins PF, Lu YC, et al. T-Cell transfer therapy targeting mutant KRAS in cancer. N Engl J Med, 2016, 375(23): 2255-2262.
[115] Zacharakis N, Chinnasamy H, Black M, et al. Immune recognition of somatic mutations leading to complete durable regression in metastatic breast cancer. Nat Med, 2018, 24(6): 724-730.
[116] Creelan BC, Wang C, Teer JK, et al. Tumor-infiltrating lymphocyte treatment for anti-PD-1-resistant metastatic lung cancer: a phase 1 trial. Nat Med, 2021, 27(8): 1410-1418.
[117] Liu E, Marin D, Banerjee P, et al. Use of CAR-transduced natural killer cells in CD19-positive lymphoid tumors. N Engl J Med, 2020, 382(6): 545-553.
[118] Hu Y, Zhou Y, Zhang M. Genetically modified CD7-targeting allogeneic CAR-T cell therapy with enhanced efficacy for relapsed/refractory CD7-positive hematological malignancies: a phase I clinical study. Cell Res, 2022, 32(11): 995-1007.
[119] Pan J, Tan Y, Wang G, et al. Donor-derived CD7 chimeric antigen receptor T Cells for T-cell acute lymphoblastic leukemia: first-in-human, phase I trial. J Clin Oncol, 2021,

39(30): 3340-3351.
[120] Tan Y, Shan L, Zhao L, et al. Long-term follow-up of donor-derived CD7 CAR T-cell therapy in patients with T-cell acute lymphoblastic leukemia. J Hematol Oncol, 2023, 16(1): 34.
[121] Lu P, Liu Y, Yang J, et al. Naturally selected CD7 CAR-T therapy without genetic manipulations for T-ALL/LBL: first-in-human phase 1 clinical trial. Blood, 2022, 140(4): 321-334.
[122] Pan J, Zuo S, Deng B, et al. Sequential CD19-22 CAR T therapy induces sustained remission in children with r/r B-ALL. Blood, 2020, 135(5): 387-391.
[123] Pan J, Tang K, Luo Y, et al. Sequential CD19 and CD22 chimeric antigen receptor T-cell therapy for childhood refractory or relapsed B-cell acute lymphocytic leukaemia: a single-arm, phase 2 study. Lancet Oncol, 2023, 24(11): 1229-1241.
[124] Wang T, Tang Y, Cai J, et al. Coadministration of CD19- and CD22-Directed chimeric antigen receptor T-cell therapy in childhood B-cell acute lymphoblastic leukemia: A single-arm, multicenter, phase II trial. J Clin Oncol, 2023, 41(9): 1670-1683.
[125] Dai H, Wu Z, Jia H, et al. Bispecific CAR-T cells targeting both CD19 and CD22 for therapy of adults with relapsed or refractory B cell acute lymphoblastic leukemia. J Hematol Oncol, 2020, 13(1): 30.
[126] Sun H, Xing C, Jiang S, et al. Long term complete response of advanced hepatocellular carcinoma to glypican-3 specific chimeric antigen receptor T-Cells plus sorafenib, a case report. Front Immunol, 2022, 13: 963031.
[127] Shi Y, Shi D, Chi J, et al. Combined local therapy and CAR-GPC3 T-cell therapy in advanced hepatocellular carcinoma: a proof-of-concept treatment strategy. Cancer Commun (Lond), 2023, 43(9): 1064-1068.
[128] Qi C, Gong J, Li J. Claudin18.2-specific CAR T cells in gastrointestinal cancers: phase 1 trial interim results. Nat Med, 2022, 28(6): 1189-1198.
[129] Qi C, Xie T, Zhou J, et al. CT041 CAR T cell therapy for Claudin18.2-positive metastatic pancreatic cancer. J Hematol Oncol, 2023, 16(1): 102.
[130] Qin C, Tian DS, Zhou LQ, et al. Anti-BCMA CAR T-cell therapy CT103A in relapsed or refractory AQP4-IgG seropositive neuromyelitis optica spectrum disorders: phase 1 trial interim results. Signal Transduct Target Ther, 2023, 8(1): 5.
[131] Qin C, Dong MH, Zhou LQ, et al. Single-cell analysis of refractory anti-SRP necrotizing myopathy treated with anti-BCMA CAR-T cell therapy. Proc Natl Acad Sci U S A, 2024, 121(6): e2315990121.
[132] Yang D, Sun B, Li S, et al. NKG2D-CAR T cells eliminate senescent cells in aged mice and nonhuman primates. Sci Transl Med, 2023, 15(709): eadd1951.
[133] Hu Y, Zhou Y, Zhang M, et al. CRISPR/Cas9-engineered universal CD19/CD22

dual-targeted CAR-T cell therapy for relapsed/refractory B-cell acute lymphoblastic leukemia. Clin Cancer Res, 2021, 27(10): 2764-2772.
[134] Pan Q, Weng D, Liu J, et al. Phase 1 clinical trial to assess safety and efficacy of NY-ESO-1-specific TCR T cells in HLA-A*02: 01 patients with advanced soft tissue sarcoma. Cell Rep Med, 2023, 4(8): 101133.
[135] Meng F, Zhao J, Tan AT, et al. Immunotherapy of HBV-related advanced hepatocellular carcinoma with short-term HBV-specific TCR expressed T cells: results of dose escalation, phase I trial. Hepatol Int, 2021, 15(6): 1402-1412.
[136] Yang F, Zheng X, Koh S, et al. Messenger RNA electroporated hepatitis B virus (HBV) antigen-specific T cell receptor (TCR) redirected T cell therapy is well-tolerated in patients with recurrent HBV-related hepatocellular carcinoma post-liver transplantation: results from a phase I trial. Hepatol Int, 2023, 17(4): 850-859.
[137] He J, Xiong X, Yang H, et al. Defined tumor antigen-specific T cells potentiate personalized TCR-T cell therapy and prediction of immunotherapy response. Cell Res, 2022, 32(6): 530-542.
[138] Huang H, Nie CP, Liu XF, et al. Phase I study of adjuvant immunotherapy with autologous tumor-infiltrating lymphocytes in locally advanced cervical cancer. J Clin Invest, 2022, 132(15): e157726.
[139] von Bahr L, Batsis I, Moll G, et al. Analysis of tissues following esenchymal stromal cell therapy in humans indicates limited long-term engraftment and no ectopic tissue formation. Stem Cells, 2012, 30: 1575–1578.
[140] Wang Y, Chen X, Cao W, et al. Plasticity of mesenchymal stem cells in immunomodulation: pathological and therapeutic implications. Nature Immunology, 2014, 15(11): 1009-1016.
[141] Sacchetti B, Funari A, Remoli C, et al. No identical “mesenchymal stem cells” at different times and sites: Human committed progenitors of distinct origin and differentiation potential are incorporated as adventitial cells in microvessels. Stem Cell Reports, 2016, 6(6): 897-913.
[142] Sipp D, Robey PG, Turner L, et al. Clear up this stem-cell mess. Nature, 2018, 561(7724): 455-457.
[143] Horwitz EM, Blanc K, Dominici M, et al. Clarification of the nomenclature for MSC: The International Society for Cellular Therapy position statement. Cytotherapy, 2005, 7: 393-395.
[144] Dominici M, Blanc KL, Mueller I, et al. Minimal criteria for defining multipotent mesenchymal stromal cells. The International Society for Cellular Therapy position statement. Cytotherapy, 2006, 8(4): 315-317.
[145] Viswanathan S, Shi Y, Galipeau J, et al. Mesenchymal stem versus stromal cells:

international Society for Cell & Gene Therapy (ISCT®) Mesenchymal Stromal Cell committee position statement on nomenclature. Cytotherapy, 2019, 21(10): 1019-1024.

[146] 王瑜，徐慕晗，郑凡君，等.间充质干细胞在炎症性疾病治疗中的基础研究和临床应用.中国细胞生物学学报, 2019(4): 561-572.

[147] Wang LT, Liu KJ, Sytwu HK, et al. Advances in mesenchymal stem cell therapy for immune and inflammatory diseases: Use of cell-free products and human pluripotent stem cell-derived mesenchymal stem cells Stem Cells Transl Med. 2021. 9: 1-16.

[148] Wang Z, Chai C, Wang R, et al. Single-cell transcriptome atlas of human mesenchymal stem cells exploring cellular heterogeneity. Clinical and Translational Medicine, 2021, 11(12): e650

[149] Baxter MA, Wynn RF, Jowitt SN, et al. Study of telomere length reveals rapid aging of human marrow stromal cells following *in vitro* expansion. Stem Cells. 2004; 22: 675-682.

[150] Yang YK, Ogando CR, Wang See C, et al. Changes in phenotype and differentiation potential of human mesenchymal stem cells aging *in vitro*. Stem Cell Res Ther, 2018, 9: 131.

[151] Gaur M, Dobke M, Lunyak VV. Methods and strategies for procurement, isolation, characterization, assessment of senescence of human mesenchymal stem cells from adipose tissue. Methods Mol Biol, 2019, 2045: 37-92.

[152] Lonergan T, Brenner C, Bavister B. Differentiation-related changes in mitochondrial properties as indicators of stem cell competence. J Cell Physiol, 2006, 208(1): 149-153.

[153] Revuelta M, Matheu A. Autophagy in stem cell aging. Aging Cell, 2017, 16(5): 912-915.

[154] Zhang T, He Y, Shu X, et al. Photomodulation alleviates cellular senescence of aging adipose-derived stem cells. Cell Communication Signal, 2023, 21(1): 146.

[155] Liao Y, Li G, Zhang X, et al. Cardiac nestin + mesenchymal stromal cells enhance healing of ischemic heart through periostin-mediated M2 macrophage polarization. Molecular Therapy, 2020, 28(3): 855-873.

[156] Diao Z, Ji Q, Wu Z, et al. SIRT3 consolidates heterochromatin and counteracts senescence. Nucleic Acids Research, 2021, 49(8): 4203-4219.

[157] Chen H, Wen X, Liu S, et al. Dissecting heterogeneity reveals a unique BAMBIhigh MFGE8high subpopulation of human UC - MSCs. Advanced Science, 2022, 1(10): 2202510.

[158] Zhu R, Yan T, Feng Y, et al. Mesenchymal stem cell treatment improves outcome of COVID-19 patients via multiple immunomodulatory mechanisms. Cell Research, 2021, 31(12): 1244-1262.

[159] Zhang W, Ling Q, Wang B, et al. Comparison of therapeutic effects of mesenchymal

stem cells from umbilical cord and bone marrow in the treatment of type 1 diabetes. Stem Cell Research Threapy, 2022, 13(1): 406.
[160] Le Blanc K, Rasmusson I, Sundberg B, et al. Treatment of severe acute graft-versus-host disease with third party haploidentical mesenchymal stem cells. The Lancet, 2004, 363(9419): 1439-1441.
[161] 郭立新. 2021 年糖尿病领域年度重大进展回顾. 中华糖尿病杂志, 2022, 14(1): 1-8.
[162] Pagliuca FW, Millman JR, Gürtler M, et al. Generation of functional human pancreatic β cells *in vitro*. Cell, 2014, 159(2): 428-439.
[163] Rezania A, Bruin JE, Arora P, et al. Reversal of diabetes with insulin-producing cells derived *in vitro* from human pluripotent stem cells. Nature Biotechnology, 2014, 32(11): 1121-1133.
[164] Liu H, Yang H, Zhu D, et al. Systematically labeling developmental stage-specific genes for the study of pancreatic β-cell differentiation from human embryonic stem cells. Cell Research, 2014, 24(10): 1181-1200.
[165] 付天龙, 聂膦驍, 殷浩, 等. 多能干细胞来源的胰岛细胞及其在糖尿病治疗中的应用. 器官移植, 2019, 10(6): 719-723.
[166] 吴尚英, 纪玲. 多能干细胞来源的胰岛β细胞治疗糖尿病的研究策略. [2023-10-20]. https://www.ivdchina.org/cclabd/show-1421.html.
[167] Furuyama K, Chera S, van Gurp L, et al. Diabetes relief in mice by glucose-sensing insulin-secreting human α-cells. Nature, 2019, 567(7746): 43-48.
[168] Chakravarthy H, Gu X, Enge M, et al. Converting adult pancreatic islet α-cells into β-cells by targeting both Dnmt1 and Arx. Cell Metabolism, 2017, 25(3): 622-634.
[169] Spears E, Serafimidis I, Powers AC, et al. Debates in pancreatic beta cell biology: proliferation versus progenitor differentiation and transdifferentiation in restoring β cell mass. Front Endocrinol (Lausanne), 2021, 12: 722250.
[170] Hirano M, So Y, Tsunekawa S, et al. MYCL-mediated reprogramming expands pancreatic insulin-producing cells. Nature Metabolism, 2022, 4(2): 254-268.
[171] Gornalusse GG, Hirata RK, Funk SE, et al. HLA-E-expressing pluripotent stem cells escape allogeneic responses and lysis by NK cells. Nature Biotechnology, 2017, 35(8): 765-772.
[172] Desai T, Shea LD. Advances in islet encapsulation technologies. Nature Reviews Drug Discovery, 2017, 16(5): 338-350.
[173] Vegas AJ, Veiseh O, Gürtler M, et al. Long-term glycemic control using polymer-encapsulated human stem cell-derived beta cells in immune-competent mice. Nature Medicine, 2016, 22(3): 306-311.
[174] Bochenek MA, Veiseh O, Vegas AJ, et al. Alginate encapsulation as long-term immune protection of allogeneic pancreatic islet cells transplanted into the omental bursa of

macaques. Nature Biomedical Engineering, 2018, 2(11): 810-821.

[175] Zhang Y, Wang H, Stewart S, et al. Cold-responsive nanoparticle enables intracellular delivery and rapid release of trehalose for organic-solvent-free cryopreservation. Nano Letters, 2019, 19(12): 9051-9061.

[176] Zhan L, Rao JS, Sethia N, et al. Pancreatic islet cryopreservation by vitrification achieves high viability, function, recovery and clinical scalability for transplantation. Nature Medicine, 2022, 28(4): 798-808.

[177] Deng H, Zhang A, Pang DRR, et al. Bioengineered omental transplant site promotes pancreatic islet allografts survival in non-human. Cell Reports Medicine, 2023, 4(3): 100959.

[178] Yu XX, Qiu WL, Yang L, et al. Defining multistep cell fate decision pathways during pancreatic development at single-cell resolution. The EMBO Journal, 2019, 38(8): e100164.

[179] Yu XX, Qiu WL, Yang L, et al. Sequential progenitor states mark the generation of pancreatic endocrine lineages in mice and humans. Cell Research, 2021, 31(8): 886-903.

[180] Li J, Wu X, Ke J, et al. TET1 dioxygenase is required for FOXA2-associated chromatin remodeling in pancreatic beta-cell differentiation. Nature Communications, 2022, 13(1): 3907.

[181] Lyu X, Rowley MJ, Kulik MJ, et al. Regulation of CTCF loop formation during pancreatic cell differentiation. Nature Communications, 2023, 14: 6314.

[182] Zhao H, Huang X, Liu Z, et al. Pre-existing beta cells but not progenitors contribute to new beta cells in the adult pancreas. Nature Metabolism, 2021, 3(3): 352-365.

[183] Shi Y, Hou L, Tang F, et al. Inducing embryonic stem cells to differentiate into pancreatic beta cells by a novel three-step approach with activin A and all-trans retinoic acid. Stem Cells, 2005, 23(5): 656-662.

[184] Zhang D, Jiang W, Liu M, et al. Highly efficient differentiation of human ES cells and iPS cells into mature pancreatic insulin-producing cells. Cell Research, 2009, 19(4): 429-438.

[185] Du Y, Liang Z, Wang S, et al. Human pluripotent stem-cell-derived islets ameliorate diabetes in non-human primates. Nature Medicine, 2022, 28(2): 272-282.

[186] Ma Q, Xiao Y, Xu W, et al. ZnT8 loss-of-function accelerates functional maturation of hESC-derived β cells and resists metabolic stress in diabetes. Nature Communications, 2022, 13(1): 4142.

[187] Huang Y, Xu Y, Zhu J, et al. An artificial LAMA2-GelMA hydrogel microenvironment for the development of pancreatic endocrine progenitors. Biomaterials, 2022, 291: 121882.

[188] Ma X, Lu Y, Zhou Z, et al. Human expandable pancreatic progenitor-derived β cells ameliorate diabetes. Science Advances, 2022, 8(8): eabk1826.
[189] Wang D, Wang J, Bai L, et al. Long-term expansion of pancreatic islet organoids from resident Procr+ progenitors. Cell, 2020, 180(6): 1198-1211.
[190] Wang J, Wang D, Chen X, et al. Isolation of mouse pancreatic islet Procr progenitors and long-term expansion of islet organoids *in vitro* +. Nature Protocols, 2022, 17(5): 1359-1384.
[191] Liu G, Li Y, Li M, et al. Charting a high-resolution roadmap for regeneration of pancreatic β cells by *in vivo* transdifferentiation from adult acinar cells. Science Advances, 2023, 9(21): eadg2183.
[192] Lin JY, Cheng J, Du YQ, et al. *In vitro* expansion of pancreatic islet clusters facilitated by hormones and chemicals. Cell Discovery, 2020, 6: 20.
[193] Cheng Y, Yu Y, Zhang Y, et al. Cold-responsive nanocapsules enable the sole-cryoprotectant-trehalose cryopreservation of β cell-laden hydrogels for diabetes treatment. Small, 2019, 15(50): e1904290.
[194] Chen S, Luo J, Shen L, et al. 3D printing mini-capsule device for islet delivery to treat type 1 diabetes. ACS Applied Materials & Interfaces, 2022, online.
[195] Liang Z, Sun D, Lu S, et al. Implantation underneath the abdominal anterior rectus sheath enables effective and functional engraftment of stem-cell-derived islets. Nature Metabolism, 2023, 5(1): 29-40.
[196] Huang H, Shang Y, Li H, et al. Co-transplantation of islets-laden microgels and biodegradable O_2-generating microspheres for diabetes treatment. ACS Applied Materials & Interfaces, 2022, 14(34): 38448-38458.
[197] Keymeulen B, De Groot K, Jacobs-Tulleneers-Thevissen D, et al. Encapsulated stem cell-derived β cells exert glucose control in patients with type 1 diabetes. Nature Biotechnology, 2024, 42(10): 1507-1514.
[198] Vertex. Vertex presents positive vx-880 results from ongoing phase 1/2 study in type 1 diabetes at the american diabetes association 83rd scientific sessions. [2023-10-20]. https://investors.vrtx.com/news-releases/news-release-details/vertex-presents-positive-vx-880-results-ongoing-phase-12-study.
[199] Wu J, Li T, Guo M, et al. Treating a type 2 diabetic patient with impaired pancreatic islet function by personalized endoderm stem cell-derived islet tissue. Cell Discovery, 2024, 10(1): 45.
[200] Ricordi C, Goldstein JS, Balamurugan AN, et al. National Institutes of health-sponsored clinical islet transplantation consortium phase 3 trial: manufacture of a complex cellular product at eight processing facilities. Diabetes, 2016, 65(11): 3418-3428.

[201] Gao L, Guan W, Wang M, et al. Direct generation of human neuronal cells from adult astrocytes by small molecules. Stem Cell Reports, 2017, 8(3): 538-547.

[202] Hu W, Qiu B, Guan W, et al. Direct conversion of normal and Alzheimer's disease human fibroblasts into neuronal cells by small molecules. Cell Stem Cell, 2015, 17(2): 204-212.

[203] Lam M, Moslem M, Bryois J, et al. Single cell analysis of autism patient with bi-allelic NRXN1-alpha deletion reveals skewed fate choice in neural progenitors and impaired neuronal functionality. Experimental Cell Research, 2019, 383(1): 111469.

[204] Marin Navarro A, Pronk RJ, van der Geest AT, et al. p53 controls genomic stability and temporal differentiation of human neural stem cells and affects neural organization in human brain organoids. Cell Death & Disease, 2020, 11(1): 52.

[205] Cao Y, Zhuang Y, Chen J, et al. Dynamic effects of Fto in regulating the proliferation and differentiation of adult neural stem cells of mice. Human Molecular Genetics, 2020, 29(5): 727-735.

[206] Coronel R, Lachgar M, Bernabeu-Zornoza A, et al. Neuronal and glial differentiation of human neural stem cells is regulated by amyloid precursor protein (APP) levels. Molecular Neurobiology, 2019, 56(2): 1248-1261.

[207] Zhou W, Zhao T, Du J, et al. TIGAR promotes neural stem cell differentiation through acetyl-CoA-mediated histone acetylation. Cell Death & Disease, 2019, 10(3): 198.

[208] Yang LL, Millischer V, Rodin S, et al. Enteric short-chain fatty acids promote proliferation of human neural progenitor cells. Journal of Neurochemistry, 2020, 154(6): 635-646.

[209] Doi D, Magotani H, Kikuchi T, et al. Pre-clinical study of induced pluripotent stem cell-derived dopaminergic progenitor cells for Parkinson's disease. Nature Communications, 2020, 11(1): 3369.

[210] Kriks S, Shim JW, Piao J, et al. Dopamine neurons derived from human ES cells efficiently engraft in animal models of Parkinson's disease. Nature, 2011, 480(7378): 547-551.

[211] Xue Y, Zhan X, Sun S, et al. Synthetic mRNAs drive highly efficient ips cell differentiation to dopaminergic neurons. Stem Cells Translational Medicine, 2019, 8(2): 112-123.

[212] Bagher Z, Azami M, Ebrahimi-Barough S, et al. Differentiation of Wharton's jelly-derived mesenchymal stem cells into motor neuron-like cells on three-dimensional collagen-grafted nanofibers. Molecular Neurobiology, 2016, 53(4): 2397-2408.

[213] Alizadeh R, Kamrava SK, Bagher Z, et al. Human olfactory stem cells: As a promising source of dopaminergic neuron-like cells for treatment of Parkinson's disease.

Neuroscience Letters, 2019, 696: 52-59.
[214] Caiazzo M, Dell'Anno MT, Dvoretskova E, et al. Direct generation of functional dopaminergic neurons from mouse and human fibroblasts. Nature, 2011, 476(7359): 224-227.
[215] Kikuchi T, Morizane A, Doi D, et al. Human iPS cell-derived dopaminergic neurons function in a primate Parkinson's disease model. Nature, 2017, 548(7669): 592-596.
[216] Kalladka D, Sinden J, Pollock K, et al. Human neural stem cells in patients with chronic ischaemic stroke (PISCES): a phase 1, first-in-man study. The Lancet, 2016, 388 (10046): 787-796.
[217] Wennersten A, Meier X, Holmin S, et al. Proliferation, migration, and differentiation of human neural stem/progenitor cells after transplantation into a rat model of traumatic brain injury. Journal of Neurosurgery, 2004, 100(1): 88-96.
[218] Zhang T, Ke W, Zhou X, et al. Human neural stem cells reinforce hippocampal synaptic network and rescue cognitive deficits in a mouse model of Alzheimer's disease. Stem Cell Reports, 2019, 13(6): 1022-1037.
[219] Xu JC, Fan J, Wang X, et al. Cultured networks of excitatory projection neurons and inhibitory interneurons for studying human cortical neurotoxicity. Science Translational Medicine, 2016, 8(333): 333ra48.
[220] Gomi M, Takagi Y, Morizane A, et al. Functional recovery of the murine brain ischemia model using human induced pluripotent stem cell-derived telencephalic progenitors. Brain Research, 2012, 1459: 52-60.
[221] Espuny-Camacho I, Michelsen KA, Gall D, et al. Pyramidal neurons derived from human pluripotent stem cells integrate efficiently into mouse brain circuits in vivo. Neuron, 2013, 77(3): 440-456.
[222] He X, Chen J, Zhong Y, et al. Forebrain neural progenitors effectively integrate into host brain circuits and improve neural function after ischemic stroke. Research Square, 2023[Preprint].
[223] 刘卫鹏, 屈素清, 栾佐, 等. 人神经前体细胞移植治疗重度脑瘫患儿疗效观察中国当代儿科杂志, 2012, 14(10): 759-762. Liu WP, Qu SQ, Luan Z, et al. Treatment of cerebral palsy with transplantation of human neural progenitor cells. Zhongguo Dang Dai Er Ke Za Zhi, 2012, 14(10): 759-762.
[224] Hattiangady B, Kuruba R, Shuai B, et al. Hippocampal neural stem cell grafting after status epilepticus alleviates chronic epilepsy and abnormal plasticity, and maintains better memory and mood function. Aging and Disease, 2020, 11(6): 1374-1394.
[225] Howard MA, Baraban SC. Synaptic integration of transplanted interneuron progenitor cells into native cortical networks. Journal of Neurophysiology, 2016, 116(2): 472-478.
[226] Upadhya D, Hattiangady B, Castro OW, et al. Human induced pluripotent stem

cell-derived MGE cell grafting after status epilepticus attenuates chronic epilepsy and comorbidities via synaptic integration. Proceedings of the National Academy of Sciences of the United States of America, 2019, 116(1): 287-296.

[227] Martinez-Losa M, Tracy TE, Ma K, et al. Nav1.1-overexpressing interneuron transplants restore brain rhythms and cognition in a mouse model of Alzheimer's disease. Neuron, 2018, 98(1): 75-89.

[228] Tong LM, Djukic B, Arnold C, et al. Inhibitory interneuron progenitor transplantation restores normal learning and memory in ApoE4 knock-in mice without or with Aβ accumulation. Journal of Neuroscience, 2014, 34(29): 9506-9515.

[229] Zhu B, Eom J, Hunt RF. Transplanted interneurons improve memory precision after traumatic brain injury. Nature Communications, 2019, 10(1): 5156.

[230] Khazaei M, Ahuja CS, Nakashima H, et al. GDNF rescues the fate of neural progenitor grafts by attenuating Notch signals in the injured spinal cord in rodents. Science Translational Medicine, 2020, 12(525): eaau3538.

[231] Wichterle H, Lieberam I, Porter JA, et al. Directed differentiation of embryonic stem cells into motor neurons. Cell, 2002, 110(3): 385-397.

[232] Liqing Y, Jia G, Jiqing C, et al. Directed differentiation of motor neuron cell-like cells from human adipose-derived stem cells *in vitro*. Neuroreport, 2011, 22(8): 370-373.

[233] Abdanipour A, Tiraihi T. Induction of adipose-derived stem cell into motoneuron-like cells using selegiline as preinducer. Brain Research, 2012, 1440: 23-33.

[234] Son EY, Ichida JK, Wainger BJ, et al. Conversion of mouse and human fibroblasts into functional spinal motor neurons. Cell Stem Cell, 2011, 9(3): 205-218.

[235] Bagher Z, Atoufi Z, Alizadeh R, et al. Conductive hydrogel based on chitosan-aniline pentamer/gelatin/agarose significantly promoted motor neuron-like cells differentiation of human olfactory ecto-mesenchymal stem cells. Materials Science and Engineering: C, 2019, 101: 243-253.

[236] Lee H, Lee HY, Lee BE, et al. Sequentially induced motor neurons from human fibroblasts facilitate locomotor recovery in a rodent spinal cord injury model. Elife, 2020, 9: e52069.

[237] Schwartz SD, Regillo CD, Lam BL, et al. Human embryonic stem cell-derived retinal pigment epithelium in patients with age-related macular degeneration and Stargardt's macular dystrophy: follow-up of two open-label phase 1/2 studies. Lancet, 2015, 385(9967): 509-516.

[238] da Cruz L, Fynes K, Georgiadis O, et al. Phase 1 clinical study of an embryonic stem cell-derived retinal pigment epithelium patch in age-related macular degeneration. Nature Biotechnology, 2018, 36(4): 1.

[239] Mandai M, Watanabe A, Kurimoto Y, et al. Autologous induced stem-cell-derived

retinal cells for macular degeneration. The New England Journal of Medicine, 2017, 376(11): 1038-1046.

[240] Sugita S, Mandai M, Hirami Y, et al. HLA-matched allogeneic iPS cells-derived RPE transplantation for macular degeneration. Journal of Clinical Medicine, 2020, 9(7): 2217.

[241] Sharma R, Khristov V, Rising A, et al. Clinical-grade stem cell-derived retinal pigment epithelium patch rescues retinal degeneration in rodents and pigs. Science Translational Medicine, 2019, 11(475): eaat5580.

[242] Han X, Wang M, Duan S, et al. Generation of hypoimmunogenic human pluripotent stem cells. Proceedings of the National Academy of Sciences of the United States of America, 2019, 116(21): 10441-10446.

[243] Zou T, Gao L, Zeng Y, et al. Organoid-derived C-Kit+/SSEA4-human retinal progenitor cells promote a protective retinal microenvironment during transplantation in rodents. Nature Communications, 2019, 10(1): 1205.

[244] Hoang T, Wang J, Boyd P, et al. Gene regulatory networks controlling vertebrate retinal regeneration. Science, 2020, 370(6519): eabb8598.

[245] Zhang KY, Tuffy C, Mertz JL, et al. Role of the internal limiting membrane in structural engraftment and topographic spacing of transplanted human stem cell-derived retinal ganglion cells. Stem Cell Reports, 2021, 16(1): 149-167.

[246] Eastlake K, Wang W, Jayaram H, et al. Phenotypic and functional characterization of Müller Glia isolated from induced pluripotent stem cell-derived retinal organoids: improvement of retinal ganglion cell function upon transplantation. Stem Cells Translational Medicine, 2019, 8(8): 775-784.

[247] Madl CM, LeSavage BL, Dewi RE, et al. Matrix remodeling enhances the differentiation capacity of neural progenitor cells in 3D hydrogels. Advanced Science, 2019, 6(4): 1801716.

[248] Kim HS, Kim D, Jeong YW, et al. Engineering retinal pigment epithelial cells regeneration for transplantation in regenerative medicine using PEG/Gellan gum hydrogels. International Journal of Biological Macromolecules, 2019, 130: 220-228.

[249] Fu C, Pan S, Ma Y, et al. Effect of electrical stimulation combined with graphene-oxide-based membranes on neural stem cell proliferation and differentiation. Artificial Cells, Nanomedicine, and Biotechnology, 2019, 47(1): 1867-1876.

[250] Ye L, Ji H, Liu J, et al. Carbon Nanotube-hydrogel composites facilitate neuronal differentiation while maintaining homeostasis of network activity. Advanced Materials, 2021, 33(41): e2102981.

[251] Jeon S, Kim S, Ha S, et al. Magnetically actuated microrobots as a platform for stem cell transplantation. Science Robotics, 2019, 4(30): eaav4317.

[252] Yu D, Ma M, Liu Z, et al. MOF-encapsulated nanozyme enhanced siRNA combo: Control neural stem cell differentiation and ameliorate cognitive impairments in Alzheimer's disease model. Biomaterials, 2020, 255: 120160.
[253] Wang YK, Zhu WW, Wu MH, et al. Human clinical-grade parthenogenetic ESC-derived dopaminergic neurons recover locomotive defects of nonhuman primate models of Parkinson's disease. Stem Cell Reports, 2018, 11(1): 171-182.
[254] Feng L, Li D, Tian Y, et al. One-step cell biomanufacturing platform: porous gelatin microcarrier beads promote human embryonic stem cell-derived midbrain dopaminergic progenitor cell differentiation *in vitro* and survival after transplantation *in vivo*. Neural Regeneration Research, 2024, 19(2): 458-464.
[255] Xu P, He H, Gao Q, et al. Human midbrain dopaminergic neuronal differentiation markers predict cell therapy outcomes in a Parkinson's disease model. Journal of Clinical Investigation, 2022, 132(14): e156768.
[256] Xiong M, Tao Y, Gao Q, et al. Human stem cell-derived neurons repair circuits and restore neural function. Cell Stem Cell, 2021, 28(1): 112-126.e6.
[257] Ji X, Zhou Y, Gao Q, et al. Functional reconstruction of the basal ganglia neural circuit by human striatal neurons in hypoxic-ischaemic injured brain. Brain, 2023, 146(2): 612-628.
[258] Cui Y, Yin Y, Xiao Z, et al. LncRNA Neat1 mediates miR-124-induced activation of Wnt/β-catenin signaling in spinal cord neural progenitor cells. Stem Cell Research & Therapy, 2019, 10(1): 400.
[259] Gong C, Zheng X, Guo F, et al. Human spinal GABA neurons alleviate spasticity and improve locomotion in rats with spinal cord injury. Cell Reports, 2021, 34(12): 108889.
[260] Gao S, Guo X, Zhao S, et al. Differentiation of human adipose-derived stem cells into neuron/motoneuron-like cells for cell reportslacement therapy of spinal cord injury. Cell Death & Disease, 2019, 10(8): 597.
[261] Li S, Zheng J, Chai L, et al. Rapid and efficient differentiation of rodent neural stem cells into oligodendrocyte progenitor cells. Developmental Neuroscience, 2019, 41(1-2): 79-93.
[262] Suo N, Guo YE, He B, et al. Inhibition of MAPK/ERK pathway promotes oligodendrocytes generation and recovery of demyelinating diseases. Glia, 2019, 67(7): 1320-1332.
[263] Liu Z, Yan M, Liang Y, et al. Nucleoporin Seh1 Interacts with Olig2/Brd7 to promote oligodendrocyte differentiation and myelination. Neuron, 2019, 102(3): 587-601.
[264] Wang L, Geng J, Qu M, et al. Oligodendrocyte precursor cells transplantation protects blood-brain barrier in a mouse model of brain ischemia via Wnt/β-catenin signaling. Cell Death & Disease, 2020, 11(1): 9.

[265] Zhu D, Xie M, Gademann F, et al. Protective effects of human iPS-derived retinal pigmented epithelial cells on retinal degenerative disease. Stem Cell Research & Therapy, 2020, 11(1): 98.
[266] Jiang F, Tang Z, Zhang Y, et al. Enhanced proliferation and differentiation of retinal progenitor cells through a self-healing injectable hydrogel. Biomaterials Science, 2019, 7(6): 2335-2347.
[267] Guo R, Li J, Chen C, et al. Biomimetic 3D bacterial cellulose-graphene foam hybrid scaffold regulates neural stem cell proliferation and differentiation. Colloids and Surfaces B: Biointerfaces, 2021, 200: 111590.
[268] Liu X, Hao M, Chen Z, et al. 3D bioprinted neural tissue constructs for spinal cord injury repair. Biomaterials, 2021, 272: 120771.
[269] Liu C, Fan L, Xing J, et al. Inhibition of astrocytic differentiation of transplanted neural stem cells by chondroitin sulfate methacrylate hydrogels for the repair of injured spinal cord. Biomaterials Science, 2019, 7(5): 1995-2008.
[270]Temple S. Advancing cell therapy for neurodegenerative diseases. Cell Stem Cell, 2023, 30(5): 512-529.
[271] Oz T, Kaushik A, Kujawska M. Neural stem cells for Parkinson’s disease management: Challenges, nanobased support, and prospects. World J Stem Cells, 2023, 15(7): 687-700.
[272] Blackford SJI, Ng SS, Segal JM, et al. Validation of current good manufacturing practice compliant human pluripotent stem cell-derived hepatocytes for cell-based therapy. Stem Cells Translational Medicine, 2019, 8(2): 124-137.
[273] Huang P, He Z, Ji S, et al. Induction of functional hepatocyte-like cells from mouse fibroblasts by defined factors. Nature, 2011, 475(7356): 386-389.
[274] Sekiya S, Suzuki A. Direct conversion of mouse fibroblasts to hepatocyte-like cells by defined factors. Nature, 2011, 475(7356): 390-393.
[275] Xiang C, Du Y, Meng G, et al. Long-term functional maintenance of primary human hepatocytes *in vitro*. Science, 2019, 364(6438): 399-402.
[276] Yamamoto J, Udono M, Miura S, et al. Cell aggregation culture induces functional differentiation of induced hepatocyte-like cells through activation of hippo signaling. Cell Reports, 2018, 25(1): 183-198.
[277] Hu H, Gehart H, Artegiani B, et al. Long-term expansion of functional mouse and human hepatocytes as 3D organoids. Cell, 2018, 175(6): 1591-1606.
[278] 周光鹏, 朱志军, 孙丽莹. 肝细胞移植的基础研究及临床应用进展. 中华肝脏病杂志, 2023, 31(2): 216-220.
[279] 盛洁, 张文丽, 刘福晨, 等.肝细胞移植的研究进展.海军军医大学学报, 2023, 44(1): 91-96.

[280] Han B, Francipane MG, Cheikhi A, et al. Fat-associated lymphoid clusters as expandable niches for ectopic liver development. Hepatology, 2022, 76(2): 357-371.
[281] Dhawan A, Chaijitraruch N, Fitzpatrick E, et al. Alginate microencapsulated human hepatocytes for the treatment of acute liver failure in children. Journal of Hepatology, 2020, 72(5): 877-884.
[282] Singh AK, Goerlich CE, Zhang T, et al. CD40-CD40L blockade: update on novel investigational therapeutics for transplantation. Transplantation, 2023, 107(7): 1472-1481.
[283] Nicolas CT, Hickey RD, Chen HS, et al. Concise review: Liver regenerative medicine: from hepatocyte transplantation to bioartificial livers and bioengineered grafts. Stem Cells, 2017, 35(1): 42-50.
[284] Wang Y, Zheng Q, Sun Z, et al. Reversal of liver failure using a bioartificial liver device implanted with clinical-grade human-induced hepatocytes. Cell Stem Cell, 2023, 30(5): 617-631.e8.
[285] Feng L, Wang Y, Fu Y, et al. Stem cell-based strategies: The future direction of bioartificial liver development. Stem Cell Reviews and Reports, 2024, 20(3): 601-616.
[286] Wang X, Yang L, Wang YC, et al. Comparative analysis of cell lineage differentiation during hepatogenesis in humans and mice at the single-cell transcriptome level. Cell Research, 2020, 30(12): 1109-1126.
[287] Peng J, Li F, Wang J, et al. Identification of a rare Gli1+ progenitor cell population contributing to liver regeneration during chronic injury. Cell Discovery, 2022, 8(1): 118.
[288] He L, Pu W, Liu X, et al. Proliferation tracing reveals regional hepatocyte generation in liver homeostasis and repair. Science, 2021, 371(6532): eabc4346.
[289] Chen Y, Chen L, Wu X, et al. Acute liver steatosis translationally controls the epigenetic regulator MIER1 to promote liver regeneration in a study with male mice. Nature Communications, 2023, 14(1): 1521.
[290] Deng X, Zhang X, Li W, et al. Chronic liver injury induces conversion of biliary epithelial cells into hepatocytes. Cell Stem Cell, 2018, 23(1): 114-122.e3.
[291] Pu W, Zhu H, Zhang M, et al. Bipotent transitional liver progenitor cells contribute to liver regeneration. Nature Genetics, 2023, 55(4): 651-664.
[292] Li W, Yang L, He Q, et al. A homeostatic arid1a-dependent permissive chromatin state licenses hepatocyte responsiveness to liver-injury-associated YAP signaling. Cell Stem Cell, 2019, 25(1): 54-68.
[293] Li L, Cui L, Lin P, et al. Kupffer-cell-derived IL-6 is repurposed for hepatocyte dedifferentiation via activating progenitor genes from injury-specific enhancers. Cell Stem Cell, 2023, 30(3): 283-299.
[294] Ji S, Zhu L, Gao Y, et al. Baf60b-mediated ATM-p53 activation blocks cell identity

conversion by sensing chromatin opening. Cell Research, 2017, 27(5): 642-656.

[295] Yuan Y, Wang C, Zhuang X, et al. PIM1 promotes hepatic conversion by suppressing reprogramming-induced ferroptosis and cell cycle arrest. Nature Communications, 2022, 13(1): 5237.

[296] Zhang K, Zhang L, Liu W, et al. *In vitro* expansion of primary human hepatocytes with efficient liver repopulation capacity. Cell Stem Cell, 2018; 23(6): 806-819.

[297] Fu GB, Huang WJ, Zeng M, et al. Expansion and differentiation of human hepatocyte-derived liver progenitor-like cells and their use for the study of hepatotropic pathogens. Cell Research, 2019, 29(1): 8-22.

[298] Guo R, Jiang M, Wang G, et al. IL6 supports long-term expansion of hepatocytes *in vitro*. Nature Communications, 2022, 13(1): 7345.

[299] Wang Q, Sun D, Liang Z, et al. Generation of human hepatocytes from extended pluripotent stem cells. Cell Research, 2020, 30(9): 810-813.

[300] Feng S, Wu J, Qiu WL, et al. Large-scale generation of functional and transplantable hepatocytes and cholangiocytes from human endoderm stem cells. Cell Reports, 2020, 33(10): 108455.

[301] Wang S, Wang X, Tan Z, et al. Human ESC-derived expandable hepatic organoids enable therapeutic liver repopulation and pathophysiological modeling of alcoholic liver injury. Cell Research, 2019, 29: 1009-1026.

[302] Huang P, Zhang L, Gao Y, et al. Direct reprogramming of human fibroblasts to functional and expandable hepatocytes. Cell Stem Cell, 2014, 14(3): 370-384.

[303] Xie B, Sun D, Du Y, et al. A two-step lineage reprogramming strategy to generate functionally competent human hepatocytes from fibroblasts. Cell Research, 2019, 29(9): 696-710.

[304] Wang C, Zhang L, Sun Z, et al. Dedifferentiation-associated inflammatory factors of long-term expanded human hepatocytes exacerbate their elimination by macrophages during liver engraftment. Hepatology, 2022, 76(6): 1690-1705.

[305] Yuan X, Wu J, Sun Z, et al. Preclinical efficacy and safety of encapsulated proliferating human hepatocyte organoids in treating liver failure. Cell Stem Cell, 2024, 31(4): 484-498.e5.

[306] Zhu W, Li M, Zou J, et al. Induction of local immunosuppression in allogeneic cell transplantation by cell-type-specific expression of PD-L1 and CTLA4Ig. Stem Cell Reports, 2023, 18(12): 2344-2355.

[307] Shi XL, Gao Y, Yan Y, et al. Improved survival of porcine acute liver failure by a bioartificial liver device implanted with induced human functional hepatocytes. Cell Research, 2016, 26(2): 206-216.

[308] Li WJ, Zhu XJ, Yuan TJ, et al. An extracorporeal bioartificial liver embedded with

3D-layered human liver progenitor-like cells relieves acute liver failure in pigs. Science Translational Medicine, 2020, 12(551): eaba5146.
[309] Chen S, Wang J, Ren H, et al. Hepatic spheroids derived from human induced pluripotent stem cells in bio-artificial liver rescue porcine acute liver failure. Cell Research, 2020, 30(1): 95-97.
[310] Sun Z, Yuan X, Wu J, et al. Hepatocyte transplantation: The progress and the challenges. Hepatology Communications, 2023, 7(10): e0266.
[311] Zuo W, Zhang T, Wu DZ, et al. p63(+) Krt5(+) distal airway stem cells are essential for lung regeneration. Nature, 2015, 517(7536): 616-620.
[312] Imai-Matsushima A, Martin-Sancho L, Karlas A, et al. Long-term culture of distal airway epithelial cells allows differentiation towards alveolar epithelial cells suited for influenza virus studies. EBio Medicine, 2018, 33(5): 230-241.
[313] Barkauskas CE, Cronce MJ, Rackley CR, et al. Type 2 alveolar cells are stem cells in adult lung. The Journal of Clinical Investigation, 2013, 123(7): 3025-3036.
[314] Vaughan AE, Brumwell AN, Xi Y, et al. Lineage-negative progenitors mobilize to regenerate lung epithelium after major injury. Nature, 2015, 517(7536): 621-625.
[315] Liu K, Tang M, Liu Q, et al. Bi-directional differentiation of single bronchioalveolar stem cells during lung repair. Cell Discovery, 2020, 6: 1.
[316] Basil MC, Cardenas-Diaz FL, Kathiriya JJ, et al. Human distal airways contain a multipotent secretory cell that can regenerate alveoli. Nature, 2022, 604(7904): 120-126.
[317] Zacharias WJ, Frank DB, Zepp JA, et al. Regeneration of the lung alveolus by an evolutionarily conserved epithelial progenitor. Nature, 2018, 555(7695): 251-255.
[318] Herriges MJ, Yampolskaya M, Thapa BR, et al, Durable alveolar engraftment of PSC-derived lung epithelial cells into immunocompetent mice. Cell Stem Cell, 2023, 30(9): 1217-1234.
[319] Ma L, Thapa BR, Le Suer JA, et al. Airway stem cell reconstitution by the transplantation of primary or pluripotent stem cell-derived basal cells. Cell Stem Cell, 2023, 30(9): 1199-1216.
[320] Tan Q, Choi KM, Sicard D, et al. Human airway organoid engineering as a step toward lung regeneration and disease modeling. Biomaterials, 2017, 113: 118-132.
[321] Schneider JL, Rowe JH, Garcia-de-Alba C, et al. The aging lung: Physiology, disease, and immunity. Cell, 2021, 184(8): 1990-2019.
[322] EuroStemCell. Lung stem cells in health, repair and disease. [2023-09-20]. https://www.eurostemcell.org/lung-stem-cells-health-repair-and-disease#:～:text=In%20a%20healthy%20lung%20the%20different%20types%20of, therefore%20fewer%20functional%20cells%20are%20produced%20after%20damage.
[323] Liu Q, Liu K, Cui G, et al. Lung regeneration by multipotent stem cells residing at the

bronchioalveolar-duct junction. Nature Genetics, 2019, 51(4): 728-738.
[324] Ahmadvand N, Khosravi F, Lingampally A, et al. Identification of a novel subset of alveolar type 2 cells enriched in PD-L1 and expanded following pneumonectomy. European Respiratory Journal, 2021, 58(5): 2004168.
[325] Zhou YQ, Shi Y, Yang L, et al. Genetically engineered distal airway stem cell transplantation protects mice from pulmonary infection. EMBO Molecular Medicine, 2020, 12(1): e102330.
[326] Chiu MC, Li C, Liu X, et al. A bipotential organoid model of respiratory epithelium recapitulates high infectivity of SARS-CoV-2 Omicron variant. Cell Discovery, 2022, 8(1): 57.
[327] Liu S, Yang R, Chen Y, et al. Development of human lung induction models for air pollutants, toxicity assessment. Environmental Science & Technology, 2021, 55(4): 2440-2451.
[328] Pei R, Feng J, Zhang Y, et al. Host metabolism dysregulation and cell tropism identification in human airway and alveolar organoids upon SARS-CoV-2 infection. Protein Cell, 2021, 12(9): 717-733.
[329] Wu H, Yu Y, Huang H, et al. Progressive pulmonary fibrosis is caused by elevated mechanical tension on alveolar stem cells. Cell, 2020, 180(1): 107-121.
[330] Wang Z, Wei D, Bin E, et al. Enhanced glycolysis-mediated energy production in alveolar stem cells is required for alveolar regeneration. Cell Stem Cell, 2023, 30(8): 1028-1042.
[331] Lv X, Liu C, Liu S, et al. The cell cycle inhibitor P21 promotes the development of pulmonary fibrosis by suppressing lung alveolar regeneration. Acta Pharmaceutica Sinica B, 2022, 12(2): 735-746.
[332] Lv X, Liu S, Liu C, et al. TRIB3 promotes pulmonary fibrosis through inhibiting SLUG degradation by physically interacting with MDM2. Acta Pharmaceutica Sinica B, 2023, 13(4): 1631-1647.
[333] Li Y, Lin B, Hao D, et al. Short-term PM2.5 exposure induces transient lung injury and repair. Journal of Hazardous Materials, 2023, 459: 132227.
[334] Niu M, Zhu Y, Ding X, et al. Biomimetic alveoli system with vivid mechanical response and cell-cell interface. Advanced Healthcare Materials, 2023, 12(26): e2300850.
[335] Ma Q, Ma Y, Dai X, et al. Regeneration of functional alveoli by adult human SOX9+ airway basal cell transplantation. Protein Cell, 2018, 9(3): 267-282.
[336] Wang Y, Meng Z, Liu M, et al. Autologous transplantation of P63+ lung progenitor cells for chronic obstructive pulmonary disease therapy. Science Translational Medicine, 2024, 16(734): eadi3360.

[337] Fu X, Zhuang CL, Hu P. Regulation of muscle stem cell fate. Cell Regeneration, 2022, 11(1): 40.
[338] Gilbert PM, Havenstrite KL, Magnusson KE, et al. Substrate elasticity regulates skeletal muscle stem cell self-renewal in culture. Science, 2010, 329(5995): 1078-1081.
[339] Fu X, Xiao J, Wei Y, et al. Combination of inflammation-related cytokines promotes long-term muscle stem cell expansion. Cell Research, 2015, 25(6): 655-673.
[340] 杨雯隽，胡苹. 细胞替代疗法研究进展. 中国细胞生物学学报，2019，41(4): 549-560.
[341] Cosgrove BD, Gilbert PM, Porpiglia E, et al. Rejuvenation of the muscle stem cell population restores strength to injured aged muscles. Nature Medicine, 2014, 20(3): 255-264.
[342] Cerletti M, Jang YC, Finley LW, et al. Short-term calorie restriction enhances skeletal muscle stem cell function. Cell Stem Cell, 2012, 10(5): 515-519.
[343] García-Prat L, Martínez-Vicente M, Perdiguero E, et al. Autophagy maintains stemness by preventing senescence. Nature, 2016, 529(7584): 37-42.
[344] Bernet JD, Doles JD, Hall JK, et al. p38 MAPK signaling underlies a cell-autonomous loss of stem cell self-renewal in skeletal muscle of aged mice. Nature Medicine, 2014, 20(3): 265-271.
[345] Hong X, Isern J, Campanario S, et al. Mitochondrial dynamics maintain muscle stem cell regenerative competence throughout adult life by regulating metabolism and mitophagy. Cell Stem Cell, 2022, 29(9): 1298-1314.
[346] Relaix F, Bencze M, Borok MJ, et al. Perspectives on skeletal muscle stem cells. Nature Communications, 2021, 12(1): 692.
[347] Rayagiri SS, Ranaldi D, Raven A, et al. Basal lamina remodeling at the skeletal muscle stem cell niche mediates stem cell self-renewal. Nature Communications, 2018, 9(1): 1075.
[348] Saini J, McPhee JS, Al-Dabbagh S, et al. Regenerative function of immune system: Modulation of muscle stem cells. Ageing Research Reviews, 2016, 27: 67-76.
[349] Deprez A, Orfi Z, Rieger L, et al. Impaired muscle stem cell function and abnormal myogenesis in acquired myopathies. Bioscience Reports, 2023, 43(1): BSR20220284.
[350] Sanganalmath SK, Bolli R. Cell therapy for heart failure: a comprehensive overview of experimental and clinical studies, current challenges, and future directions. Circulation Research, 2013, 113(6): 810-834.
[351] Sun C, Shen L, Zhang Z, et al. Therapeutic strategies for duchenne muscular dystrophy: An update. Genes, 2020, 11(8): 837.
[352] Miyagawa S, Kainuma S, Imanishi Y, et al. Prognosis of patients with heart failure receiving autologous myoblast patches-comparison of single-arm trial data to registry

data. Circulation Journal, 2023, 87(4): 481-486.
[353] Burridge PW, Matsa E, Shukla P, et al. Chemically defined generation of human cardiomyocytes. Nature Method, 2014, 11(8): 855-860.
[354] Cao N, Huang Y, Zheng J, et al. Conversion of human fibroblasts into functional cardiomyocytes by small molecules. Science, 2016, 352(6290): 1216-1220.
[355] Huang C, Tu W, Fu Y, et al. Chemical-induced cardiac reprogramming *in vivo*. Cell Research, 2018, 28(6): 686-689.
[356] Chen Y, Lüttmann FF, Schoger E, et al. Reversible reprogramming of cardiomyocytes to a fetal state drives heart regeneration in mice. Science, 2021, 373(6562): 1537-1540.
[357] Wang WE, Li L, Xia X, et al. Dedifferentiation, proliferation, and redifferentiation of adult mammalian cardiomyocytes after ischemic injury. Circulation, 2017, 136(9): 834-848.
[358] Lundy SD, Zhu WZ, Regnier M, et al. Structural and functional maturation of cardiomyocytes derived from human pluripotent stem cells. Stem Cells and Development, 2013, 22(14): 1991-2002.
[359] Cao N, Liu Z, Chen Z, et al. Ascorbic acid enhances the cardiac differentiation of induced pluripotent stem cells through promoting the proliferation of cardiac progenitor cells. Cell Research, 2012, 22(1): 219-236.
[360] Nunes SS, Miklas JW, Liu J, et al. Biowire: a platform for maturation of human pluripotent stem cell-derived cardiomyocytes. Nature Methods, 2013, 10(8): 781-787.
[361] Ruan JL, Tulloch NL, Razumova MV, et al. Mechanical stress conditioning and electrical stimulation promote contractility and force maturation of induced pluripotent stem cell-derived human cardiac tissue. Circulation, 2016, 134(20): 1557-1567.
[362] Shadrin IY, Allen BW, Qian Y, et al. Cardiopatch platform enables maturation and scale-up of human pluripotent stem cell-derived engineered heart tissues. Nature Communications, 2017, 8(1): 1825.
[363] Gao F, Liang T, Lu YW, et al. Reduced mitochondrial protein translation promotes cardiomyocyte proliferation and heart regeneration. Circulation, 2023, 148(23): 1887-1906.
[364] Kuppusamy KT, Jones DC, Sperber H, et al. Let-7 family of microRNA is required for maturation and adult-like metabolism in stem cell-derived cardiomyocytes. Proceedings of the National Academy of Sciences of the United States of America, 2015, 112(21): E2785-2794.
[365] Gao L, Gregorich ZR, Zhu W, et al. Large cardiac muscle patches engineered from human induced-pluripotent stem cell-derived cardiac cells improve recovery from myocardial infarction in swine. Circulation, 2018, 137(16): 1712-1730.
[366] Park SJ, Kim RY, Park BW, et al. Dual stem cell therapy synergistically improves

cardiac function and vascular regeneration following myocardial infarction. Nature Communications, 2019, 10(1): 3123.

[367] Li Q, Wang J, Wu Q, et al. Perspective on human pluripotent stem cell-derived cardiomyocytes in heart disease modeling and repair. Stem Cells Translational Medicine, 2020, 9(10): 1121-1128.

[368] Zeng W, Zhang W, Tse EHY, et al. Restoration of CPEB4 prevents muscle stem cell senescence during aging. Developmental Cell, 2023, 58(15): 1383-1398.

[369] Liu L, Yue X, Sun Z, et al. Reduction of senescent fibro-adipogenic progenitors in progeria-aged muscle by senolytics rescues the function of muscle stem cells. Journal of Cachexia, Sarcopenia and Muscle, 2022, 13(6): 3137-3148.

[370] Wang P, Liu X, Yao Z, et al. Lin28a maintains a subset of adult muscle stem cells in an embryonic-like state. Cell Research, 2023, 33(9): 712-726.

[371] Yang W, Yang L, Wang J, et al. Msi2-mediated MiR7a-1 processing repression promotes myogenesis. Journal of Cachexia Sarcopenia and Muscle, 2022, 13(1): 728-742.

[372] Li H, Chen Q, Li C, et al. Muscle-secreted granulocyte colony-stimulating factor functions as metabolic niche factor ameliorating loss of muscle stem cells in aged mice. The EMBO Journal, 2019, 38(24): e102154.

[373] Zhao Y, Ding Y, He L, et al. Multiscale 3D genome reorganization during skeletal muscle stem cell lineage progression and aging. Science Advances, 2023, 9(7): eabo1360.

[374] Zhou S, Zhang W, Cai G, et al. Myofiber necroptosis promotes muscle stem cell proliferation via releasing Tenascin-C during regeneration. Cell Research, 2020, 30(12): 1063-1077.

[375] Peng J, Han L, Liu B, et al. Gli1 marks a sentinel muscle stem cell population for muscle regeneration. Nature Communications, 2023, 14(1): 6993.

[376] Xu J, Li X, Chen W, et al. Myofiber Baf60c controls muscle regeneration by modulating Dkk3-mediated paracrine signaling. Journal of Experimental Medicine, 2023, 220(9): e20221123.

[377] Zhang S, Yang F, Huang Y, et al. ATF3 induction prevents precocious activation of skeletal muscle stem cell by regulating H2B expression. Nature Communications, 2023, 14(1): 4978.

[378] Feng X, Wang Z, Wang F, et al. Dual function of VGLL4 in muscle regeneration. The EMBO Journal, 2019, 38(17): e101051.

[379] Fu X, Li S, Jia M, et al. Myogenesis controlled by a long non-coding RNA 1700113A16RIK and post-transcriptional regulation. Cell Regeneration, 2022, 11(1): 13.

[380] Dong A, Preusch CB, So WK, et al. A long noncoding RNA, LncMyoD, modulates chromatin accessibility to regulate muscle stem cell myogenic lineage progression. Proceedings of the National Academy of Sciences of the United States of America, 2020, 117(51): 32464-32475.

[381] Wang L, Fan J, Han L, et al. The micropeptide LEMP plays an evolutionarily conserved role in myogenesis. Cell Death & Disease, 2020, 11(5): 357.

[382] Wang H, Huang Y, Yu M, et al. Muscle regeneration controlled by a designated DNA dioxygenase. Cell Death & Disease, 2021, 12(6): 535.

[383] Zeng W, Yue L, Lam KSW, et al. CPEB1 directs muscle stem cell activation by reprogramming the translational landscape. Nature Communications, 2022, 13(1): 947.

[384] Yang W, Wang Y, Du Y, et al. Chemical reprogramming of melanocytes to skeletal muscle cells. Journal of Cachexia Sarcopenia and Muscle, 2023, 14(2): 903-914.

[385] Guo B, Qu J, Zhao X, et al. Degradable conductive self-healing hydrogels based on dextran-graft-tetraaniline and *N*-carboxyethyl chitosan as injectable carriers for myoblast cell therapy and muscle regeneration. Acta Biomaterialia, 2019, 84: 180-193

[386] Kankala RK, Zhao J, Liu CG, et al. highly porous microcarriers for minimally invasive *in situ* skeletal muscle cell delivery. Small, 2019, 15(25): e1901397

[387] Wang Y, Kankala RK, Cai YY, et al. Minimally invasive co-injection of modular micro-muscular and micro-vascular tissues improves *in situ* skeletal muscle regeneration. Biomaterials, 2021, 277: 121072.

[388] Yang X, Chen D, Sun Q, et al. A live-cell image-based machine learning strategy for reducing variability in PSC differentiation systems. Cell Discovery, 2023, 9(1): 53.

[389] Wang W, Lu G, Liu HB, et al. Pten regulates cardiomyocyte differentiation by modulating non-cg methylation via Dnmt3. Advanced Science, 2021, 8(17): e2100849.

[390] Sung TC, Su HC, Ling QD, et al. Efficient differentiation of human pluripotent stem cells into cardiomyocytes on cell sorting thermoresponsive surface. Biomaterials, 2020, 253: 120060.

[391] Li X, Gao F, Wang X, et al. E2A ablation enhances proportion of nodal-like cardiomyocytes in cardiac-specific differentiation of human embryonic stem cells. Ebio Medicine, 2021, 71: 103575.

[392] Wang Q, Song Y, Chen J, et al. Direct *in vivo* reprogramming with non-viral sequential targeting nanoparticles promotes cardiac regeneration. Biomaterials, 2021, 276: 121028.

[393] Ponnusamy M, Liu F, Zhang YH, et al. Long noncoding RNA CPR (cardiomyocyte proliferation regulator) regulates cardiomyocyte proliferation and cardiac repair. Circulation, 2019, 139(23): 2668-2684.

[394] Li Y, Feng J, Song S, et al. gp130 Controls cardiomyocyte proliferation and heart regeneration. Circulation, 2020, 142(10): 967-982.

[395] Wang Y, Yao F, Wang L, et al. Single-cell analysis of murine fibroblasts identifies neonatal to adult switching that regulates cardiomyocyte maturation. Nature Communications, 2020, 11(1): 2585.
[396] Miao S, Zhao D, Wang X, et al. Retinoic acid promotes metabolic maturation of human embryonic stem cell-derived Cardiomyocytes. Theranostics, 2020, 10(21): 9686-9701.
[397] Gao Y, Su L, Wei Y, et al. Ascorbic acid induces MLC2v protein expression and promotes ventricular-like cardiomyocyte subtype in human induced pluripotent stem cells derived cardiomyocytes. Theranostics, 2023, 13(11): 3872-3896.
[398] Jiang Y, Zhang LL, Zhang F, et al. Dual human iPSC-derived cardiac lineage cell-seeding extracellular matrix patches promote regeneration and long-term repair of infarcted hearts. Bioactive Materials, 2023, 28: 206-226.
[399] Luo XL, Jiang Y, Li Q, et al. hESC-Derived epicardial cells promote repair of infarcted hearts in mouse and swine. Advanced Science, 2023, 10(27): e2300470.
[400] Sun SJ, Lai WH, Jiang Y, et al. Immunomodulation by systemic administration of human-induced pluripotent stem cell-derived mesenchymal stromal cells to enhance the therapeutic efficacy of cell-based therapy for treatment of myocardial infarction. Theranostics, 2021, 11(4): 1641-1654.
[401] Song X, Zhang J, Shen S, et al. Cardiac-adaptive conductive hydrogel patch enabling construction of mechanical-electrical anisotropic microenvironment for heart repair. Research, 2023, 6: 0161.
[402] Li XP, Lu P, Liu ZY, et al. An anisotropic electromagnetic hydrogel promotes cardiomyocyte maturation and post-infarction cardiac repair. Chemical Engineering Journal, 2023, 476: 146745.
[403] FDA. Guidance for human somatic cell therapy and gene therapy. [2023-4-19]. https://www.fda.gov/regulatory-information/search-fda-guidance-documents/guidance-human-somatic-cell-therapy-and-gene-therapy.
[404] FDA. CBER Vision & Mission. [2023-10-30]. https://www.fda.gov/about-fda/center-biologics-evaluation-and-research-cber/cber-vision-mission.
[405] FDA. Regenerative medicine advanced therapy designation. [2023-10-30]. https://www.fda.gov/vaccines-blood-biologics/cellular-gene-therapy-products/regenerative-medicine-advanced-therapy-designation.
[406] FDA. Expedited programs for regenerative medicine therapies for serious conditions. [2023-10-30]. https://www.fda.gov/media/120267/download.
[407] European Medicines Agency. Advanced therapy medicinal products: Overview. [2023-10-30]. https://www.ema.europa.eu/en/human-regulatory/overview/advanced-therapy-medicinal-products-overview.
[408] European Medicines Agency. Committee for advanced therapies (CAT). [2023-10-30].

https://www.ema.europa.eu/en/committees/committee-advanced-therapies-cat#role-of-the-cat-section.
[409] European Medicines Agency. Advanced therapy classification. [2023-10-30]. https://www.ema.europa.eu/en/human-regulatory/marketing-authorisation/advanced-therapies/advanced-therapy-classification.
[410] Trias E, Juan M, Urbano-Ispizua A, et al. The hospital exemption pathway for the approval of advanced therapy medicinal products: an underused opportunity? The case of the CAR-T ARI-0001. Bone Marrow Transplant, 2022, 57: 156-159.
[411] 高建超, 韦薇, 张旻, 等. 细胞和基因治疗产品监管科学研究进展和展望. 中国新药杂志, 2022, 31(2): 105-108.
[412] 袁宝珠, 刘中明. 临床研究用干细胞的"大质量"思想及其意义. [2023-10-30]. https://www.thepaper.cn/newsDetail_forward_15410010.
[413] 马洁, 刘彩霞, 谭琴, 等. 细胞产品质量控制与质量管理.药物评价研究, 2021, 44(2): 273-291.
[414] Grand View Research. Cell therapy raw materials market size, share & trends analysis report by product (media, sera), by end-use(Biopharmaceutical & Pharmaceutical Companies, CROs & CMOs), by region, and segment forecasts, 2023-2030. [2023-09-20]. https://www.grandviewresearch.com/industry-analysis/cell-therapy-raw-materials-market-report.
[415] Grand View Research. Automated and closed cell therapy processing systems market size, share & trends analysis report by workflow (Separation, Expansion, Apheresis), by type, by scale, by region, and segment forecasts, 2023-2030. [2023-09-20]. https://www.grandviewresearch.com/industry-analysis/automated-closed-cell-therapy-processing-systems-market-report.
[416] Grand View Research. Cell therapy market size, share, & trends analysis report by therapy type (autologous, allogenic), by therapeutic area (oncology, CVD, dermatology), by region, and segment forecasts, 2023-2030. [2023-09-20]. https://www.grandviewresearch.com/industry-analysis/cell-therapy-market.
[417] Aijaz A, Li M, Smith D, et al. Biomanufacturing for clinically advanced cell therapies. Nature Biomedical Engineering, 2018, 2(6): 362-376.
[418] 吴月辉. 细胞治疗产业发展潜力大. [2023-09-20]. https://www.cn-healthcare.com/articlewm/20230306/content-1520156.html.
[419] Roddie C, O'Reilly M, Dias Alves Pinto J, et al. Manufacturing chimeric antigen receptor T cells: issues and challenges. Cytotherapy, 2019, 21(3): 327-340.